中国大鲵

岩羊

震旦鸦雀

中国珍稀物种探秘丛书

主　　编：王小明

副主编：李　伟

扬子鳄

文昌鱼

沧海遗"孤"
文昌鱼
AMPHIOXUS

张维嘉　叶晓青　编著

上海科技教育出版社

朱鹮

藏狐

项目支持：
上海市科学技术委员会
上海科普教育发展基金会
上海科技馆

野驴

大熊猫

金丝猴

国家"十二五"规划建议明确了"深入实施科教兴国战略和人才强国战略,加快建设创新型国家"的要求,并提出"要推动文化大发展大繁荣,提升国家文化软实力"的方针。为了弘扬科学精神、推进科学传播,提升公众的科学素养,《中国珍稀物种探秘丛书》第一部《两栖之王——中国大鲵》出版了。这套丛书凝聚了众多优秀科学家的最新研究成果,体现了各级领导的关怀和社会各界的支持。谨此,我代表上海科技馆理事会和上海科普教育发展基金会,对系列丛书的出版表示热烈的祝贺。

中国是一个拥有丰富动植物资源的国家,以大熊猫、金丝猴、朱鹮、扬子鳄、中国大鲵和中华鲟为代表的特有珍稀物种繁衍于中华大地,见证了自然历史和人类文明的变迁。了解这些物种生存的历史和现状,探索人类与自然共存的基本法则,唤起人们热爱自然、保护自然、促进人与自然和谐相处的意识,这是我们科学工作者的责任和义务。

本系列丛书的主编王小明教授是我国著名的动物学家。在他的指导下,上海科技馆科普工作者们与工作在各领域的科学家紧密合作,通过细致入微的观察、探究、考证,用朴实、充满情趣的写作风格,为我们展现了不同物种的栖息环境和特有的生物学知识。作品还探究了不同物种与中国历史、文化的渊源,将科学普及与文化传播结合起来,既丰富了的内容,又增添了可读性。

《中国珍稀物种探秘丛书》与《中国珍稀物种》系列科普纪录片,是依托不同传播媒介的姐妹作品。纪录片《中国大鲵》在上海电视台播出后,得到了广大群众的好评和喜爱。我相信,在此基础上推出的系列丛书第一部《两栖之王——中国大鲵》,将会进一步增进公众对该物种的认知,并为后续推出扬子鳄、岩羊、震旦鸦雀等纪录片和图书,打下良好的开局。

上海科技馆的科普工作者和相关领域的学者、专家对本系列丛书和科普纪录片的创作,为激励科普研发、培养科普人才和探索科普文化产业发展途径树立了一个典范。推动文化发展、提升国家文化软实力任重而道远,我相信本系列丛书和纪录片的创作将成为众多科学家和公众参与的科普教育平台。

本系列丛书和纪录片的出版,不仅得到上海科技馆和上海科普教育发展基金会的支持,更得到了上海市科学技术委员会、华东师范大学、中国科学院昆明动物研究所等相关政府部门和社会多方面的鼎力支持。我衷心希望有更多的政府部门和社会各界对科普教育事业和科普文化产品的研发给予关注和支持。随着本系列丛书的出版,也预祝有更多的后续科普项目能早日策划和实施。

左焕琛

●全国政协常委 ●上海科技馆理事长 ●上海科普教育发展基金会理事长

2010年12月

　　提到文昌鱼,很多人会误以为这是一种名不见经传的小鱼,然而对生物学领域的人来说,这个名字名声显赫。文昌鱼是研究进化的重要模式生物,是脊椎动物的祖先,虽然不具备丝毫攻击力和防御力,却在地球上生存了数亿年之久,始终"原地踏步",成为被时间遗忘的孤儿。

　　厦门刘五店渔场是世界上唯一曾形成过文昌鱼捕捞产业的渔场,被国际生物学家称为生物界的一大奇观。厦门老人们对文昌鱼的记忆,也是从前几代人对厦门美食的共同记忆。而现在,水质下降、过度捕捞,再加上为了满足城市发展需求所进行的采沙、移山、建堤、填海,文昌鱼的栖息地环境被破坏殆尽,文昌鱼也从常见的鲜美海味变成了濒临灭绝的国家二级保护动物。随着数量的锐减,这个名字成为了上一代人久远的记忆,如今许多生在海边、长在海边的人甚至都没有听到过文昌鱼这个名字,更别提见过它的真实面貌。

　　为了让更多的人认识文昌鱼,了解文昌鱼对环境的重要性,促进人与自然和谐相处的意识,我们开始着手编写这本科普读物。《文昌鱼》是《中国珍稀物种探秘丛书》的第四部,也是《中国珍稀物种》系列科普纪录片的同名科普读物。由于文昌鱼身体小而透明,生活方式独特,较之前四部《中国大鲵》、《扬子鳄》、《震旦鸦雀》和《岩羊》,《文昌鱼》的拍摄过程虽没有太多的冒险故事,但难度远远大于从前。

　　本书的两位作者都是我馆从事科普影视创作的年轻人,全程参与了《文昌鱼》的影片拍摄。一位是从上海海洋大学海洋生物学专业毕业仅2年的学生，自幼对动物有着超强的喜爱之情，并具有扎实的生物学基础和科研能力，对生物分类、习性和生态如数家珍；另一位是影视创作团队的"资深"骨干，也是丛书第一部《两栖之王——中国大鲵》的作者之一，对科普书籍内容的把握得心应手。两位作者全程参与了科普纪录片《文昌鱼》的拍摄，她们在拍摄过程中与科学家、当地渔民进行了深入的交流学习，并下海实地调查研究，同时在实验室中近距离接触文昌鱼。由于文昌鱼分类五花八门，相关文献资料也比较稀缺，她们花费了大量的业余时间和精力进行资料收集、整理，我很欣慰地看到她们能自告奋勇地担任起《文昌鱼》的编著工作，并将在此过程中的所学、所知、所闻、所感用科普的语言传递给读者，呈现出一本严谨、有趣的科普读物，让广大读者在轻松的字里行间中去了解这种"默默无闻"却极为重要的生物。

这是我国首部比较完整地介绍文昌鱼的科普读物，衷心希望读者们能在阅读后记住并了解这一生存环境已岌岌可危的生物，从而去关心它们、保护它们。

王小明

● 中国动物学会副理事长　● 华东师范大学终身教授　● 上海科技馆馆长

2013年5月

目录

第一章　来自传说

第一节　有谁记得我们

"文昌鱼,真稀奇,头小尾尖一庀庀,真娇气、真歹饲,真好食、好滋味,同安刘五店,是伊生存的好地理。"

厦门大学周长楫教授在福建从事闽南语调查时,偶然在厦门同安县刘五店村收集到这首有关文昌鱼的闽南语歌谣,并将其教给了当地的孩子。从周长楫与孩子们的问答中可以看出,他们对文昌鱼既熟悉,又陌生。

"你知道文昌鱼么?"

"知道! 那个很好吃的……我们那里好像叫武昌鱼诶。"

"一种鱼。"

"听说过。"

"知道啊,厦门有的一种特产。"

"那你了解文昌鱼吗?"

图 1-1　周长楫在教刘五店村的孩子们有关文昌鱼的歌谣

图 1-2 文昌鱼

"一种鱼呗。"

"很古老的样子……"

"似乎很有研究价值。"

"很好吃!"

这里所说的文昌鱼,其实指的是本书的主角、学名为白氏文昌鱼(*Branchiostoma belcheri*)的我们。文昌鱼是一个大家族,我们只是其中的一个分支,我们的亲戚遍及世界各地。

随着寒武纪的生命大爆发,我们文昌鱼的祖先在5亿多年前便出现在了地球上,至今已生活繁衍了5亿年之久。除了"文昌鱼"这个名字,从古至今还有很多有趣的叫法:鳄鱼虫、蛞蝓鱼、薪阿物、折担虫、扁担鱼、银枪鱼、文祖鱼、文生鱼、米虫……

现在越来越少的人在意文昌鱼的存在,即使在我们的老家厦门,了解我们的人也寥寥无几了。不知还有多少人记得那些关于名字由来的传说?

第二节　文昌帝驭鳄

根据《明史·礼志》记载："梓潼帝君，姓张，名亚子，居蜀七曲山，仕晋战殁，人为立庙祀之。"关于张亚子，历史上众说纷纭，有人说他是东晋的起义之士，忠主孝亲，被尊为雷泽龙王；有人说他悬壶济世，行医为民；也有人说他是神仙下凡，体恤民间疾苦。无论哪种说法，现在都无从查证，但历史上自唐玄宗后都对张亚子尊奉有加。到了元仁宗延佑三年，张亚子被敕封为辅元开化文昌司禄宏仁帝君，用以宣扬道教教义，自此，文昌帝君的名号广为流传。文昌，原来是天上星宿的名称，是北斗星上方6颗星的总称。这6颗星组成一个筐形的星座，叫做文昌宫。第六颗星的职责就是司禄，主宰民间奖惩功名。随着隋唐科举制度的产

图 1-3　文昌帝

生，其他5颗星的职能慢慢淡化，文昌星或称文曲星，则受到了众学子的顶礼膜拜。

传说张亚子被尊奉为文昌帝君、位列仙班后，一直云游四方，为百姓除害，他的坐骑是一条曾经祸害百姓的凶猛鳄鱼。一天，文昌帝君来到了厦门刘五店，他深感此处民风淳朴，风景秀丽，是一个人杰地灵的好地方，无奈有要事在身，只能骑鳄横渡大海东去。鳄鱼对刘五店恋恋不舍，频频扭头眺望，最后只能仰天大吼一声决心离开。这时，从鳄鱼口中掉下许多蛆虫，这些蛆虫落入海里，变成了许许多多鱼一样的动物。这些动物从此在这片海域繁衍昌盛，当地百姓为了纪念文昌帝君，将这些动物取名为"文昌鱼"。数千年后，刘五店成为我国最早发现文昌鱼群的地方。

第三节 韩愈祭鳄

唐宪宗痴迷佛法，想迎佛骨入皇宫供养。韩愈深感这一举动劳民伤财，写下《谏迎佛骨》，上奏宪宗。宪宗暴怒，大发雷霆，想要处死韩愈，幸亏大臣裴度、崔群为他说情，慢慢平息了宪宗的怒火，韩愈才免于一死。但是，死罪可免，活罪难逃，直言敢谏的韩愈被贬为潮州刺史。

韩愈初到潮州，便得知那里有个深潭，被当地百姓称为"恶溪"，里面有许多鳄鱼，它们常常上岸欺压百姓，把百姓的牲口吃光。为了保证当地百姓安康，韩愈决心除掉鳄鱼。他让部下准备了一头牛和一头羊，并专门撰写了一篇《祭鳄鱼文》。韩愈等人来到潭边，把牛羊扔进水里，并把祭文宣读给鳄鱼听。祭文大意为：

自古帝王统治天下后，都会想方设法将那些危害百姓的毒蛇猛兽消灭殆尽。前世的君主威德平平，没有顾及边远的地方，况且这里离京城有万里之遥，所以你们才能在这里生活繁衍。但是你们要知道，现在已经不同了！当今天子神明圣伟、仁慈英武，天下都在他的掌控之中。更何况潮州曾是大禹所到之处，更是皇帝祭天地、祭祖宗、祭神灵的地方，怎能让你们继续胡作非为……从这里往南有一大片海域，清晨出发傍晚就能到达。海里大到鲸类、巨鸟，小到虾、蟹，应有尽有，数量也十分充足，足够你们生活繁衍，不要再留在这里祸害百姓了。我韩愈现在警告你们，3天内所有鳄鱼都要迁移到南方海域，如果不行那就放宽到5天，5天不行就放宽到7天。但7天是我的底线，如果超过7天还没有离开，那我就认为你们是冥顽不灵，在故意和我作对。到那时候就不要怪我无情，我会率领精兵用毒箭、长矛，将你们赶尽杀绝，你们可不要后悔！

韩愈念罢将《祭鳄鱼文》焚烧扔入潭中，当天夜间，雷电交加，暴雨倾盆。大多数鳄鱼受到震慑离潭南下，只有少数鳄鱼仍然顽固不化，不肯离去。7日之限一到，韩愈率领民众来到鳄鱼潭边展开驱鳄行动，潭中鳄鱼敌不过强弩弓箭，纷纷受伤随即往南方海域逃去。几日后，潭水褪尽，人们欣喜地发现所有鳄鱼都离开了。受伤逃跑的鳄鱼一路沿海南下，到达福建周围海域才安定下来，很多鳄鱼因受伤严重、伤口糜烂而死，从糜烂的伤口中掉下了很多白色的小虫。小虫掉进海里就变成一条条白色的小鱼，钻进海底沙中。因为这些小鱼是鳄鱼身上掉下来的小虫变的，所以当地渔民称之为"鳄鱼虫"，也就是文昌鱼。

图 1-4 《韩愈祭鳄》
（任薰绘）

第四节　朱熹杀鳄

南宋绍兴年间,著名教育家、哲学家朱熹到同安任主薄。传说,他听说在厦门马巷镇琼头村西南方的浔江口刘五店海域住着一条鳄鱼精,经常在海上兴风作浪,很多渔民在出海时不幸遇难,当地渔业和百姓的生活都受到严重影响。这个凶暴鳄鱼精还会上岸害人,它有时会变成人的样子,尤其喜欢变化成美女混入县衙杀害当地官员。朱熹上任后,决心将这只鳄鱼精除去,还百姓一个安定的生活。他根据鳄鱼精以往的活动规律,判断它不日又将作案,所以早早做好了准备。不出所料,一日夜晚,正当他在府内批阅公文时,鳄鱼精化作一名白衣女子偷偷溜进县衙。朱熹感到一阵风吹过,抬头发现了这个可疑的女子,便断定这是那个狡猾的鳄鱼精在作祟,于是将手中朱砂笔用力掷出。鳄鱼精没料到对方竟如此果断,还

未反应过来就被朱砂笔的笔尖戳中肚脐。可别小看了这支朱砂笔,相传这支笔是天上神仙给朱熹的神笔。只听鳄鱼精惨叫一声,原来肚脐正是它命门所在,神笔的威力给它造成了重创。鳄鱼精转身逃出县衙,往大海方向跑去。朱熹知道,鳄鱼精现在重伤在身,一时半会儿不会来报复,加上夜已深,现在追出去并不是明智之举。

第二天一早,朱熹便带人沿着鳄鱼精逃跑时留下的血迹一路寻去。当众人到达刘五店时,发现海上凭空出现了一座岛屿,小岛的外形像一只弯着身子的鳄鱼。朱熹明白这是鳄鱼精死后所化的,便给这座岛屿起名为鳄鱼屿。朱熹与众人划船接近岛屿,又看到了惊奇的一幕:岛屿上有很多白色小虫在蠕动,原来死后的鳄鱼腐烂且生了蛆虫,留下的遗骸变成了这座岛。蛆虫从岛

上一个个掉入海中、钻进沙里，朱熹令人抓出蛆虫，发现蛆虫变成了一条条透明的小鱼。众人带了些小鱼回去让厨师加工，发现味道异常鲜美，食用后人们也安然无恙。这种小鱼为刘五店带来了新的渔业资源，被人们称为鳄鱼虫。朱熹因集理学之大成，被尊称为文昌神"朱文公"，于是就有了读书人敬拜孔子、朱熹，以求学业有成的风俗。而这种小鱼每年数量最多的时候，恰巧是文昌神的生日（每年农历二月初三）前后，久而久之，民间便称这种小鱼为文昌鱼。

在鳄鱼屿上还有一口淡水井叫脐井，水质甘甜，相传就是被朱熹的朱砂笔戳中的鳄鱼肚脐所化。

图 1-5　鳄鱼精想象图

第五节　缺口将军

在一些历史学家的眼里，文昌鱼甚至和中国历史上的重大悬案之一、清朝顺治帝的死有着密切的联系。顺治帝福临6岁继位，是清朝第一位入主中原的皇帝，年仅24岁就意外驾崩。有关他死因的传说颇多，有的说是感染了天花，不治身亡。有的说是出家隐遁，默默终老。还有一种说法就和文昌鱼联系在了一起。

在《郑成功的传说》和《厦门掌故》这两本民间文化书籍中，都记载着一段关于厦门无鳔江鱼的传说。

相传在明末清初，郑成功为抵御清朝政府，在福建海域组织海军抗清。顺治帝亲自出征与其对战，郑成功的军队一路与清军激战，并慢慢将他们引入筼筜港。郑成功的军队在港内设下了包围圈，清军走投无路，成了瓮中之鳖。清军陷入恐慌，纷纷跳水逃跑，顺治帝也弃船逃向岸边。郑成功早已做好准备，用一门缺口炮打中了顺治帝，这门大炮被尊称为"缺口将军"。被打中的顺治帝当场毙命，落入海中。筼筜港中的鱼蜂拥而至，抢食清帝的尸体，因为吃了皇帝的肉，那些鱼的形态发生了改变。而剩下的尸体则长出尸虫，落入海底变成文昌鱼。在厦门俗语中有"江仔鱼食皇帝肉，畅快无肚"，便是从这传说而来。

又相传，在明朝末年郑成功收复台湾的某次海战中，由于和敌军对峙多日，只能屯兵石井、安海海面。海军士兵们在海上长时间找不到下饭的菜，郑成功就把手中的一碗米饭倒入海中，众将士不明所以，都疑惑地小声讨论。霎时，只见海面上浮现出很多白色的小鱼。郑成功令人将其捞起，烹饪为菜肴，食后惊觉此鱼美味可口。海军士兵有了如此美食,如获至宝,长时间战斗的疲劳消去了不少,在之后的海战中英勇杀敌,取得累累战功。此后,这种小鱼便在此繁衍不息。公元 1661 年,郑成功率领将士数万人,经澎湖登陆,击溃荷兰侵略军,其功勋气盖山河。后人为了纪念他,便将他带来的这种小鱼称为"米鱼",也就是文昌鱼。

在这些传说里,我们不是被说成鱼就是虫,甚至是让人觉得恶心反胃的蛆虫。然而,其中也蕴含了古人对我们的崇敬和赞美。从作恶多端的鳄鱼精到撒米成食的下饭菜,从被民间英雄所杀、使百姓安居乐业,到成为美食、使士兵们一解疲惫屡建奇功。肉体的腐烂,代表着"恶"的消失,我们从中诞生,象征着"善"的觉醒,以吾辈之身造福百姓。

图 1-6　鼓浪屿的郑成功像

第六节　5亿年前的祖先

我们从黑暗的混沌中游出,迎来第一缕阳光。

生命从何而来？各异的动物又为何所变？我们在一波生命大辐射中出现,那可以说是所有现生动物出现的源头。在地球一片混沌的时候,其实很多次出现过生命,只是来得快消失得也快。一次次的辐射突变是生命出现的契机,至今一共发生过5次大辐射,前4次都以失败告终。在5.3亿年前,第五次辐射爆发,这次爆发如同黎明的曙光,为地球生命进化提供了新的契机,翻开了脊索动物兴起的新篇章,这就是著名的帽天山大辐射。我国云南昆明和澄江著名的帽天山页岩动物群和澄江动物群,便是这个时期遗留下的痕迹。这一次突变,为现代动物的成功架起了桥梁,使得历史向着智能生命和文明世界的发展方向缓慢前行,多姿多彩、绚丽迷人的人类世界也得以扎下了根。中国科学院南京地质古生物研究所陈均远教授曾为寒武纪澄江动物群撰写过一本著作,取名为《动物世界的黎明》,这个名字将寒武纪生命大爆发的重要意义概括得恰如其分。

寒武纪,名字源于英国威尔士的古拉丁文"Cambria"。在寒武纪,几种全身裸露、运动缓慢的"小鱼"和"小虫"出现了,默默地生活在海中。它们是大多数捕食者的美味佳肴,与其他带着硬壳的生物比起来,它们的生活可以说是无时无刻不面临着危险。我们不知道当时祖先是如何逃脱"魔爪"并生存下来的,它们用自己的方式活着并进化出了现在地球上的优胜者。接近后口动物的古虫动物——云南虫(*Yunnanozoon*),发现最早的头索动物、被西方学者誉为"天下第一鱼"的华夏鳗(*Cathaymyrus*),

最早的脊椎动物——昆明鱼(*Myllokunmingia*)和海口鱼(*Haikouichthys*)，都是研究无脊椎动物到脊椎动物进化历程的关键物种，它们也可以说是我们与所有高等脊椎动物的共同祖先。不过有意思的是，当它们的化石最初被发现的时候，都被认为是蠕虫的一类。

云南澄江帽天山，这个注定青史留名的地方，与我们的祖先有着不解之缘。1984年，时年34岁的中国科学院南京地质古生物研究所侯先光研究员为了寻找高肌虫的化石来到澄江，他每天翻山越岭跋涉10余千米，挖掘石头多达数吨，可是一个多星期过去了，依旧一无所获。7月1日，一个值得全世界铭记的日子，侯先光与考察团在山上的一个坡面上用榔头挖凿岩层，当一榔头砸下去后，空气瞬间凝结了，一块栩栩如生的化石出现在众人眼前。也就是这一榔头，砸开了尘封5.3亿年的惊天秘密。3年后，澄江动物群化石的发现震惊世界，它就像本无字天书，记载着生命起源的巨大奥秘，历经5.3亿年终于得以重见天日，清晰地向人们展示着当时海洋生物的真实面貌。《自然》、《科学》、《国家地理》纷纷用大量的篇幅报道了这个重大发现，澄江动物群被誉为20世纪最惊人的发现之一。

在澄江动物群里，最著名、最重要的莫过于云南虫与海口鱼的发现了。云南虫生活在寒武纪前期的浅海中，它们的身体侧扁，和蠕虫十分相像。体长3~6厘米，与我们的体型差不多。云南虫的身上长有一背中鳍和一对腹褶，没有偶鳍。脊索粗大，位于腹部中间，纵贯首尾。

云南虫身体的前端还有一个吸盘，它通过吸盘附在别的生物上来稳定自己的身形，这一结构被后来出现的七鳃鳗等用得淋漓尽致。不过我们已经没有了这类构造。另外，云南虫的呼吸系统、循环系统还有运动方式以及进食方式，都与我们有着明显的区别。

1991年，侯先光研究员首先在帽天山发现了它，并命名为云南虫。云南虫的头部很难保存，所以大家看到这块化石的时候都认为这是一种特殊的蠕虫。后来，海口虫的发现又将大家的目

图 1-7 云南虫化石

光吸引了过去,而那块云南虫化石,就一直在研究所的办公桌上躺了两三年。

1993年冬,波兰科学院的访问学者达卡(J. Dzik)来到中国,陈均远将他在1992年夏季野外作业中找到的两块完整的云南虫化石标本小心翼翼地搬了出来。他俩反复观察、讨论,最后一致认定这是脊索动物的化石。功夫不负有心人,在1994年冬季的野外作业中,10余块完整的云南虫标本被挖掘了出来。

在此之前,世界上最古老的与脊索相关的动物,一直被认为是发现于加拿大不列颠哥伦比亚省寒武纪中期伯吉斯页岩动物群中的皮凯亚虫(*Pikaia gracilens*),距今约5.15亿年,而云南虫出现于距今5.3亿年,更贴近于寒武纪生命大爆发的时间节点。云南虫的发现,使得古脊索动物出现在地球上的历史前推了1500万年。

论文发表后,仿佛一把燎原的火把,瞬间点燃了国际生物界对探索脊索动物起源的热情,引起了前所未有的轰动。 1995年《纽约时报》发表了一篇名为《从云南虫到你之路》的文章,文中说:"如果云南虫夭折,动物的中枢神经系统将永远得不到发展,地球将像遥远的

图 1-8 海口虫化石

13

图 1-9 华夏鳗化石

月球一样永远寂寞冷清。"文中认为，云南虫打开了探索地球早期生命起源的一扇窗户。美国《科学新闻周刊》发表了题为《通向脊椎骨之路》的封面文章，文中详细地介绍了澄江动物群成果，引起了国际科学界和公众的广泛关注。甚至还有一位科学家诗兴大发，特意为云南虫题写了一首英文诗，译文大意为：

那是一条漫漫长路，从云南虫到我们

那是唯一的阴阳路，从云南虫到人类

告别了鳃和鳍，迎来了肺和秀发

生命之路是多么遥远而艰辛啊，我们终于成为成功之辈……

但是，随着相关研究越来越深入，大部分的专家都将云南虫笼统归入后口动物，也有人将其定为分类位置不明的疑难类型。但不管如何，有一点可以肯定，这种神奇的生物在脊椎动物的进化道路上起着重要的作用。

确切的，头索动物的祖先在澄江动物群中并没有留下太多化石信息，只有华夏鳗十分完美地留下了它"侧睡"的姿态。它明显的人字形肌节，彰显着其已出现令云南虫羡慕的脊索。英国《自然》杂志还特地为它发表了一篇专评《稀世化石珍宝》，文中说到：华夏鳗非常像一条文昌鱼。

身体中的那一条脊索，带给了我们和脊椎动物生存的希望。这在生命史上是第一次。脊索的出现，使动物控制身体和对环境的适应能力大大提高。华夏鳗的发现证明了在澄江动物群中蕴涵着脊椎动物起源的钥匙，为脊索动物的追本溯源提供了强有力的线索，这是生命演化史上最重大的突破之一。

而有着"天下第一鱼"之称的海口

图 1-10　国外复原的昆明鱼,鳍条的方向画反

鱼更称得上进化史上的巨人,虽然它们只有拇指般大小。在早期脊索动物的基础上它们出现了早期的骨化脊椎,能更好地保护自己,是至今最早的"鱼",结构接近现存的七鳃鳗。头部有6~9片鳃,有明显的背鳍。与它很相似的,还有昆明鱼。

　　早在1999年,舒德干等人就在云南澄江化石库距今5.3亿年的早寒武统地层中,发现了昆明鱼和海口鱼,被英国《自然》杂志评述为"逮住第一鱼"。随后西北大学早期生命研究所新近发现的数百枚海口鱼软体构造标本,提供了大量新的重要生物学信息,其中正好包括头部构造和原始脊椎构造两方面的信息,成为研究脊椎动物关键器官起源演化的可靠证据。

　　云南虫、华夏鳗还有海口鱼的发现具有非凡的意义,也解开了生物进化中一个棘手的难题,那就是脊椎动物与无脊椎动物两大类别的演化关系。这些动物是无脊椎动物与脊椎动物之间最典型的过渡型动物,在进化生物学上占据十分重要的地位。

厦门大学王义权教授正在对现生白氏文昌鱼和2亿多年前出现的加州文昌鱼在分子生物学关系上进行研究，表明我们最少在地球上已经存在了2亿年之久！然而，不论是寒武纪时期的云南虫还是海口鱼等，与现代文昌鱼相比，外形以及习性都没有发生太大的变化。这种"不变"的属性是好还是坏？生物难道不是应该不停进化和前进吗？

其实生物的进化，一般都是由同一支向多个方向进化，尝试不同的进化路线，找到最适合的形态与方式。不合时宜的就会被自然所淘汰，留下的就是成功的。当一种生物找到最合适的那个点时，就会将最独特的优势扩大。如果空间条件允许，生物的体型就会逐渐增大。这样的"特化"是一把双刃剑，因为当特化达到一定幅度时，环境若发生剧变，这类生物便将无法继续适应，最终走向灭绝。文昌鱼一直保持着这种形态，在体型上也没有大型化。也许，是因为在这几亿年间，我们先辈们的生存一直维持着平衡。但也许在未来某一天，我们也将迎来新的机遇？

图 1-11 现生文昌鱼

第二章　**我们是谁**

第一节 被发现啦

我们白氏文昌鱼是生活在中国的一种文昌鱼。外国人将文昌鱼家族统称为amphioxus或lancelet。

虽然文昌鱼名字中有个鱼字，却比大家熟悉的那些鱼古老得多，甚至可以说是人类的远祖。我们属于由头索动物亚门（Cephalochordata）、尾索动物亚门（Urochordata）和脊椎动物亚门（Vertebrata）共同构成的脊索动物门（Chordata）。虽然看起来长得差不多，都是小小的细白条，但文昌鱼可是一个大家族呢！细细数来，有28家远房亲戚，住在世界各地温暖的海洋中。

在很久前，文昌鱼就已被人类发现，由于小小的、半透明的身子给动物学家带来了不少麻烦，闹出了很多错误的命名与分类，可以说文昌鱼的发现过程是一部"纠结"的发现史。

在1774年，德国动物学家帕拉斯（Peter Simon Pallas）从他朋友那里，得到一条采自英国南部海岸的文昌鱼，当时他认为这是软体动物的一种——肺螺类动物中的蛞蝓（*Limax*），也就是人们平时说的鼻涕虫。之所以命名为

图 2-1 帕拉斯

Limax lanceolatus，意思是长枪般的蛞蝓。这倒和文昌鱼的中国俗名"蛞蝓鱼"不约而同。虽然文昌鱼看起来也是滑溜溜细细软软的，但是和生活在陆地上的蛞蝓差别很大。因此，这个定名后来被废弃了。

1834年，意大利动物学家科斯塔(G. Costa)在那不勒斯海岸享受地中海热情阳光的时候，发现了文昌鱼的存在，可惜他也认错了，以为口笠是文昌鱼的鳃，觉得文昌鱼是和圆口鱼类相接近的生物，所以命名为 *Branchiostoma lubricum*。不过与蛞蝓比起来，圆口鱼类确实与文昌鱼的关系更为接近。

两年后，也就是1836年，英国动物学家耶雷尔(William Yarrell)也在地中海沿岸的沙滩上发现了文昌鱼。当时科斯塔对文昌鱼的研究还没有正式发表，所以他只知道帕拉斯曾经对文昌鱼的描述及命名。满心欢喜的耶雷尔把文昌鱼带回实验室进行了细致的研究，他觉得这是他见过的最奇特的动物之一，不过他坚定地认为这绝对不会是一种软体动物。他惊讶地发现在这种动

物身上有着许多与脊椎动物相似的特征，参照帕拉斯的表述，耶雷尔重新将这种文昌鱼命名为 *Amphioxus lanceolatus*，保留了帕拉斯定的种名。

根据国际动物命名规则，对生物的科学命名遵从优先原则，所以那种文昌鱼的有效种名，依科斯塔所命名的属名和帕拉斯所命名的种加词，被定为 *Branchiostoma lanceolatum*。我们的这个欧洲远亲主要分布在欧洲大西洋和地中海沿岸，通常被称为大西洋文昌鱼或欧洲文昌鱼(*Branchiostoma lanceolatum*)。

我们白氏文昌鱼和日本文昌鱼(*Branchiostoma japonicum*)生活在西太

图 2-2 欧洲文昌鱼

平洋,两大家族的发现与命名也经历了不小的曲折。我们最早的发现可以追溯到1847年,格雷(John Edward Gray)偶然在马来西亚婆罗洲(现为马来西亚的沙捞越州)找到了一种文昌鱼,这种文昌鱼和欧洲文昌鱼不尽相同,对比后他将其定名为新种 *Branchiostoma belcheri*(白氏文昌鱼)。到了1895年,安德鲁斯(Thomas Andrews)在日本旅行途中路过福冈附近,6条在沙滩上的文昌鱼吸引了他的视线,经过观察研究他认为这可能也是 *B. belcheri*;但1897年威利(A. Willey)否决了安德鲁斯的说法,他认为安德鲁斯记载的日本文昌鱼应作为 *B. belcheri* 的变种,所以将其种名写成 *B. belcheri japonicum*。与此同时,那珂(Kubokawa Naka Gawa)也在不停观察来自日本鹿儿岛县御所浦和天草的40余条文昌鱼,觉得这些小鱼与自己以前熟知的种类都存在着一定差异,可是当时对日本的文昌鱼研究记载太少了,没有办法确定这是否是一个新种。在那珂以后,1901年乔丹(D. S. Jordan)和斯奈德(J. O. Snyder)兴冲冲地来到日本,上天没有辜负他俩的期望,小绸代湾和御崎的文昌鱼让他们满载而归,他俩将这些文昌鱼标本细细研究,并得出结论:这些文昌鱼与安德鲁斯及那珂描述的文昌鱼都是新种。他们的研究成果引起了隆恩伯格(Einar Lönnberg)的注意,他马上就将他们的描述报告进行了核对分析,核对分析的结果表明,其实这个"新种"只是 *B. belcheri japonicum* 罢了。

就在大家争论不休的时候,又有人加入了论证的行列,让日本文昌鱼的定名变得更加扑朔迷离。塔特萨尔(W. M. Tattersall)在1903年,将日本文昌鱼与采自斯里兰卡的 *B. belcheri* 进行了详细的对比,认为两者是同一种文昌鱼,都为 *B. belcheri*。这样,日本文昌鱼有了多个不同的名字,在文献中的运用也就变得混乱了。

这场定名风波中止于1981年,西川(T. Nishikawa)对多年来日本文昌鱼的研究进行了归纳整理,将其定为新种 *B. japonicum*。他发现前人们采到的文昌鱼里不仅有日本文昌鱼,还有侧殖文昌鱼的踪影，而新种定名因为不同的种类混杂导致样本比对参数不一致。而事实上，日本海域内多数文昌鱼都和在青岛找到的文昌鱼 *B. belcheri tsingtauense* 十分相似，以前被科学家们不断定为新种的日本文昌鱼其实都是同一物种。此后，研究者们就把日本文昌鱼和青岛文昌鱼作为同一个种来对待。不过西川在研究中也发现，生活在日本有明海和天草群岛的文昌鱼，在形态上像 *B. belcheri tsingtauense*，与 *B. belcheri* 也有几分相似，后来人们才发现，其实它们属于白氏文昌鱼的一个亚种。

虽然厦门的我们在唐朝时就被人

图 2-3　白氏文昌鱼

发现,但首次向世界正式公开发表相关报道是在1923年。要知道,文昌鱼虽然在世界各大洋都有分布,但数量极为稀少,在欧美一些国家只是在拖网作业采集海底生物标本时偶有发现,一旦发现,如获至宝。因此当厦门大学的外籍教授莱德(S. F. Light)在厦门发现我们时大为震惊,他从未见过数量如此庞大的文昌鱼群,上百亿条文昌鱼生活在这片祥和的海域,半透明的身躯随着潮涨潮落生生不息。震撼万分的莱德在《科学》和《中国研究》上接连发表了两篇论文,向全世界宣告他的重大发现。他在论文中指出,厦门大学附近海域有着丰富的文昌鱼资源,这里可以说是世界上最大也是唯一的文昌鱼渔场,他同时在文中对当地如何捕捞文昌鱼进行了描述。这两篇论文举世轰动,世界自然科学界沸腾了,学者、商人像潮水般地涌入厦门,购买这种"小鱼"的订单如雪花般飞来,也有很多人特地赶来厦门,只为了亲眼目睹这伟大的发现。自此,我们闻名于世。

自1929年起的10年间,科学家不停地观察着我们的一举一动,我们的名字也不断地在他们的研究成果中闪现。1929年,拉斯本(M. J. Rathbun)在研究厦门蟹类的时候,提到了文昌鱼渔场。1930年,我国生物学奠基者之一秉志,在他的文章中也提到了厦门的文昌鱼,当时在文中用的学名为 *Branchiostoma lanceolatus*,他甚至在1931年时发现了一个雌雄同体的特殊文昌鱼个体。同一年,里夫斯(C. D. Reeves)记录了文昌鱼的围鳃腔和出水孔。

1932年在我们的发现史中是里程碑式的一年,波林(A. M. Boring)和李(H. L. Li)在论文中细致描述了厦门文昌鱼在分类学方面的特征,肯定了我们的分类位置,并给我们定名为 *Branchiostoma belcheri* Gray,以纪念最早发现我们的格雷先生,这也是第一篇关于我国文昌鱼分类研究的论文。与此同时,哈特曼(E. Hartmann)也在这一年记录了厦门文昌鱼渔场,深入分析了渔场的特殊价值、优势条件。

1933年,陈子英与金德祥合作撰写了《文昌鱼渔场渔业的调查报告》。

1934年，林泉岐撰写了一篇关于文昌鱼的渔业短文，同一年卢嘉锡完成了题为《厦门文昌鱼化学分析》的论文。1935年，刘椂和佘文锦对厦门港口的海水做了分析研究，其中关于刘五店文昌鱼渔场的海水分析数据极其珍贵，对文昌鱼渔场的研究具有重要意义。同年顾瑞岩撰写了一篇论文，讨论文昌鱼缘膜触手的变异状况。1936年，陈子英收集了大量文字及民间信息，整理后撰写了关于福建南部文昌鱼历史传说的论文。张玺与顾光中在1936年发表了《厦门文昌鱼的分类位置》，确定了前人对厦门文昌鱼即白氏文昌鱼的鉴定。1939年金德祥发表了《成年文昌鱼肠道内的硅藻名录》及《文昌鱼渔场上所采到的多毛类》2篇重要的论文。

这些研究代表着我国对文昌鱼形态学、生态学研究的一个高峰，大量的论文不断地奠定着我们的历史地位，我们在生物学上的重要价值也逐渐显现。可惜的是，此后有关文昌鱼的分类学、生态学研究论文逐渐减少，从事文昌鱼采集分类研究的学者也逐渐减少。

文昌鱼是小型海洋动物，文昌鱼大家族里虽然有的亲缘关系比较近，有的比较远，但一眼看上去样子都差不多，这给科学家带来了不小的麻烦。他们很难在文昌鱼身上找到明显、特殊的形态区别，所以关于文昌鱼的分类一直处于不稳定状态，以至于后来研究的人越来越少，研究兴趣也不高了。

第二节　令人头痛的分类

从文昌鱼的发现史中就不难看出，这么多年来，科学家对于文昌鱼的形态分类一直处在摸索与探讨的过程中。自 1774~1996 年，222 年间出现过的文昌鱼亚种的名字有近 50 种，但其中有效的可能只有 29 种，其他的都是同种异名。有效名仅在鳃口文昌鱼属（Branchiostoma，也就是平时所说的文昌鱼属）和侧殖文昌鱼属（Epigonichthys）中。而我国科学家的最新研究，使文昌鱼的分类系统更加精确，即将文昌鱼分为 1 个纲 1 个目 3 个科 5 个属 28 种：头索动物亚门（Cephalochordata）、狭心纲（Leptocardii）、文昌鱼目 [Amphioxides（Amphioxiformes）]，其中，鳃口文昌鱼科（Branchiostomatidae）、鳃口文昌鱼属有 11 个种；侧殖文昌鱼科（Epigonichthyidae）、侧殖文昌鱼属有 9 个种，偏文昌鱼属（Asymmetron）有 4 个种；浮游文昌鱼科（Amphioxididae）、浮游文昌鱼属（Amphioxides）有 3 个种；长吻文昌鱼属（Dolichorhynchus）有 1 个种。前 4 个文昌鱼属特点如下。

鳃口文昌鱼属，代表物种是我们白氏文昌鱼。我们通体呈白色半透明状，两端尖，体侧扁，具贯穿头尾之脊索。口几乎位于中在线，围鳃腔封闭，身体两侧皆有鳃裂及生殖腺，腹褶对称且沿腹侧直达出水孔后，不与腹鳍相连。平均体长约 25 毫米（6.5~44 毫米），背鳍基室数约 307（274~374），腹鳍基室数约 59（47~92），肌节数共 65（63~66），分别为出水孔前 37（35~38）、出水孔与肛门间 17（16~18）、肛门后 11（9~12），生殖腺数最高可达 27，最小成熟个体长 23.5 毫米。

我们栖息于温暖浅海域的底沙中，仅露出前端以滤食。我们广泛分布于东亚海域，从日本南部沿着中国海岸

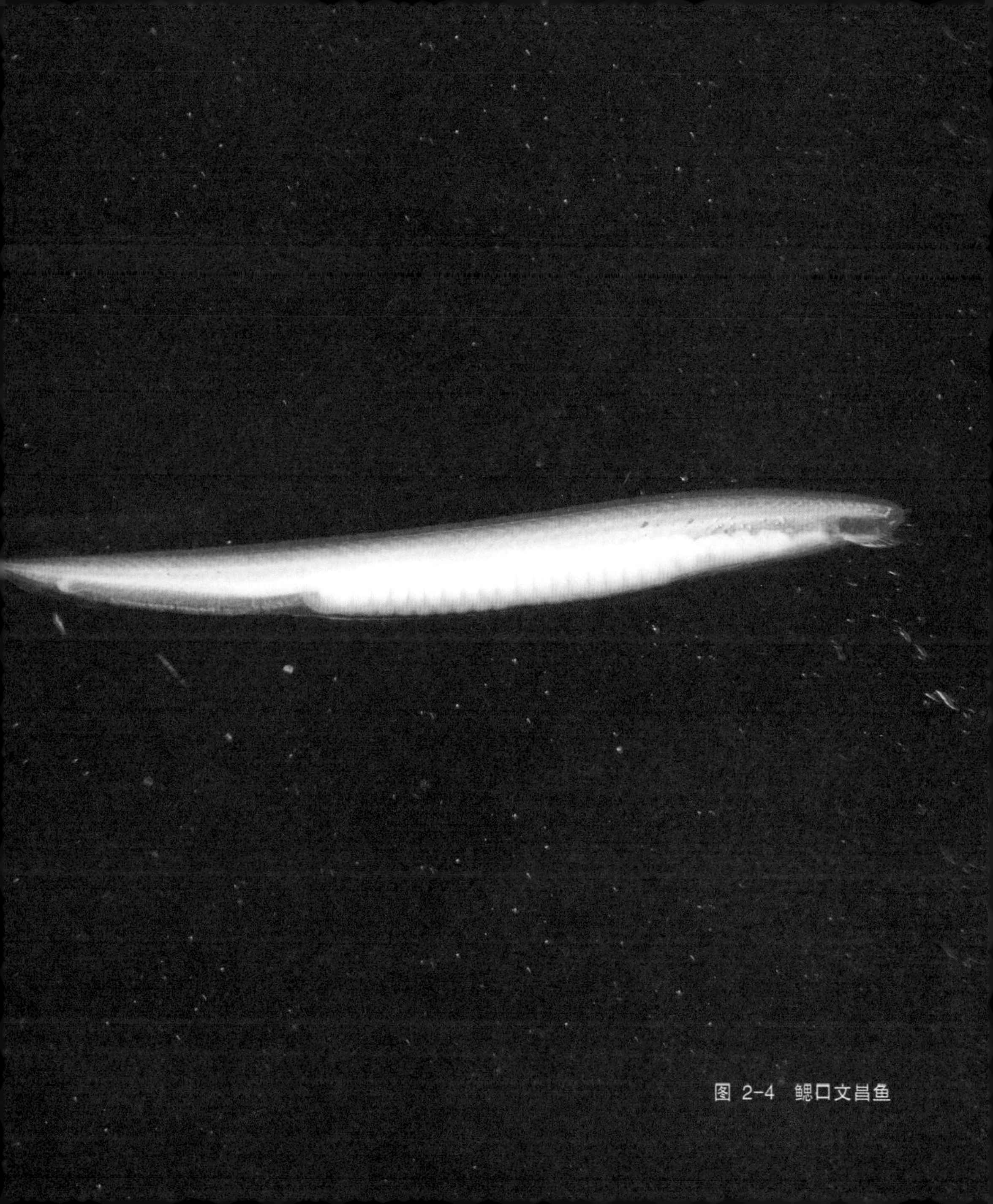

图 2-4 鳃口文昌鱼

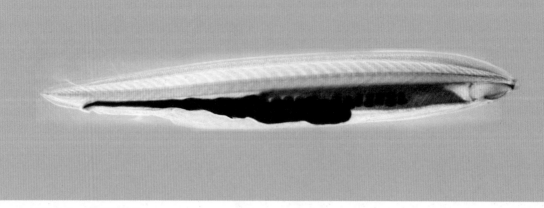

图 2-5　侧殖文昌鱼

线,经中国台湾、菲律宾群岛、东印度群岛、印度、新加坡、泰国、中国香港,往南往东到澳洲北部,以及位于西印度海的马达加斯加、非洲东南部,直至中国福建东北角,金门、马祖海域。我们仅在中国大陆具食用价值,可炒蛋或炒肉食用,是国家二级保护动物。

侧殖文昌鱼属,代表物种短刀侧殖文昌鱼。短刀侧殖文昌鱼通体呈白色半透明状,两端尖,体侧扁,具贯穿头尾之脊索。口几乎位于中在线,围鳃腔封闭,生殖腺仅于身体右侧发育,右侧腹褶能与腹鳍相连直达肛门,而左侧只达出水孔后。平均体长约15毫米(11.5~22毫米),背鳍基室数约215(190~240),腹鳍基室数为18,尾钝无突出。

这种文昌鱼栖息于温暖浅海域的底沙中,仅露出前端以滤食。从所罗门群岛、昆世兰岛往北,往西经过印度尼西亚、菲律宾、澳大利亚西部、泰国、斯里兰卡,到坦桑尼亚,以及中国台湾,都有短刀侧殖文昌鱼分布。目前尚无渔业利用先例。

偏文昌鱼属,代表物种短刀偏文昌鱼。短刀偏文昌鱼体型较高,两端不细长,颇似短刀。腹褶不对称,左侧的腹褶终于出水孔后方,右侧的腹褶与腹鳍相连,吻部有1~2条紫色带斑,生殖腺在体右侧排成一列,发育成熟时生殖腺略超过腹中线向左扩展,生殖腺数目13~19个。

体长16毫米(8.5~21.5毫米),肌节数52 (48~55)。背鳍条约220个,腹鳍条约为 20个。口笠触手有22~28条。

短刀偏文昌鱼是一种狭温性的热带种,分布区的水深为32~51米,底层温度变化范围13~27.5℃,底层盐度较高,最高达34.71‰,底质环境主要为中粗沙、细沙。短刀偏文昌鱼的分布范围仅限于印度洋—太平洋的热带海域,如非洲东海岸、斯里兰卡、印度尼西亚的苏门答腊和粤东汕头附近的浅海区。

无渔业利用先例。

浮游文昌鱼属,代表物种漂浮文昌鱼。漂浮文昌鱼的口位于左侧,没有口须,左右腹褶分离,体型侧扁,围鳃腔不封闭,仅在腹侧有一列鳃裂,生殖腺仅位于身体右侧。平均体长5.78毫米 (4.1~7.5毫米),背鳍从第24(24~29)个肌节开始,腹鳍则从第34(29~40)个肌节开始,肌节数共63(62~64),分别为肛门前51(49~52)、肛门后12(10~14)、鳃裂数21(19~24)。

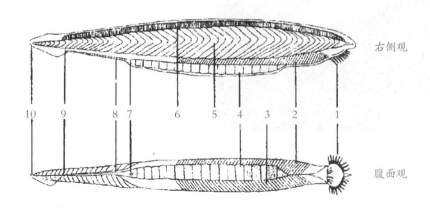

右侧观

腹面观

图 2-6 偏文昌鱼身体结构示意图

1. 口笠触须;2. 围鳃腔;3. 鳃;4. 右生殖腺;5. 肌节;

6. 背鳍条;7. 出水孔;8. 右腹褶;9. 肛门;10. 尾鳍

图 2-7　浮游文昌鱼示意图

图 2-8　长吻文昌鱼

这种文昌鱼漂浮在海表层，行浮游生活，而不像一般的文昌鱼沉降到海底生活。广泛分布于热带海域，多见于深海水域之表面到深海。无渔业利用先例。

在所有的分类中，最受争议的当属浮游文昌鱼的分类。1889年，冈瑟（Albert Günther）把浮游生活在大洋中的文昌鱼命名为 *Branchiostoma pelagicum*，认为它们和生活在海底沙中的文昌鱼是完全不同的种类。其实，我们和其他文昌鱼幼年时候也过着浮游生活，只是成年后就钻入沙子，而冈瑟认为这种浮游文昌鱼是终生都漂浮在水中生活的生物。大部分科学家对这个论点提出了异议，他们认为这只是一种文昌鱼的浮游期幼体罢了。这些幼体随着洋流漂浮到了大洋深海海域，但找不到合适的沙质栖息地，所以一直保持着幼体状态，是一种"幼态持续"。但浮游生活并不影响它们的性腺发育，所以出现一种"幼体成熟"的现象。仅仅依靠"幼体成熟"的现象，就把这种文昌鱼定为新种显然不够科学。关于浮游文昌鱼的分类之争仍在继续。

第三节　我们在厦门

金德祥先生在我们的发现史上是一位举足轻重的人物，他自20世纪初期就开始对我们进行了详细研究。到了1941年，在多年数据积累的基础上，他重新对厦门的文昌鱼进行了数据统计，相关形态分类的特征性数据也得以公诸于世。

体长。厦门文昌鱼成体体长29~57毫米。金德祥等人在测量文昌鱼体长时，还记录了50条文昌鱼的出水孔前、肛门前和肛门后长度的比例：69.40:22.66:7.94，为后来研究者奠定了数据基础。

肌节数目。肌节是肌纤维的基本结构和功能单位，每条肌纤维都可以分成一段一段的肌节。肌节由粗肌丝和细肌丝组成，粗细肌丝的相互拉扯与相互作用使得肌肉能够收缩或者舒张。收缩时肌节变短，舒张时肌节恢复原来长度，文昌鱼就是靠肌节的收缩才能在水中游泳，一旦停止运动，就只能直挺挺地沉入水底了。一般来说，鱼身上的肌节数量和自身的脊椎骨的节数是相同的，而文昌鱼的肌肉集中在背部两侧，肌节呈V字形。肌节数是用于划分文昌鱼种类的重要依据之一，但同一物种不同个体肌节数目并不一致。金德祥将多位研究者对厦门文昌鱼的数据整理归纳后得出了平均数值。

弗朗茨（V.Franz）也是研究文昌鱼的权威专家之一。从表2-1到表2-3中不难看出，虽然不同研究者的数据有些不一样，但是差距在误差范围内。

生殖腺。文昌鱼的生殖腺在腹部，厦门文昌鱼左右两侧都有生殖腺，且数目不一定和体长相关，大多数情况下左侧的生殖腺比右侧的少1~3个。人们可以从生殖腺来分辨文昌鱼的性别，雄性

图 2-9 厦门产成年文昌鱼

生殖腺呈乳白色,雌性生殖腺则是淡黄色的。

口笠数。文昌鱼从外形上看是一种没有头的动物,但是一旦凑近仔细观察或者放在显微镜下看,文昌鱼的头和尾就能显而易见地分辨出来了。文昌鱼的嘴巴是一种罩子状的口笠,口笠边缘有一列流苏状的触须,就好像是一帘流苏屏风,触须为文昌鱼过滤掉那些体积太大、难以消化的食物。厦门文昌鱼口笠左右侧的触须数目(称为口笠数)

基本相同,但是个体间还是存在着差异,比如幼体口笠数较少。成体的口笠数在36~50之间,平均为42条。

鳍条数目。文昌鱼有两种鳍条:背鳍与腹鳍。背鳍,顾名思义,延及整个背部,又根据长度不同,分为出水孔前、肛门前和肛门后三种。它们在不同个体文昌鱼之间是存在着差异的。

缘膜触手数。文昌鱼的消化系统很简单,通过了口笠的触须,就到达了前庭,这是消化系统的起点。前庭的后

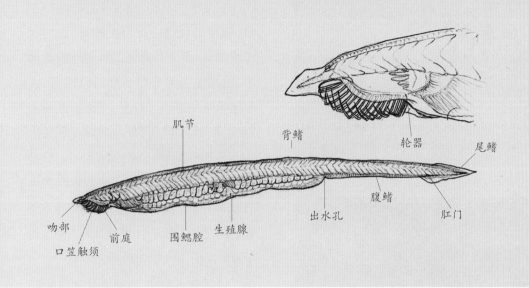

图 2-10　文昌鱼结构示意图

方称为口,而口的周围有一圈环状的薄膜,它也有个专业名字,叫做缘膜。缘膜的边缘也长有触手,这些触手的作用和口笠触须的作用相同,也是用来阻挡泥沙、过滤异物的。通过两层过滤,就可以开始享用美餐了。文昌鱼的缘膜触手数也是存在着个体差异的,它与文昌鱼的年龄成正比,但与性别无关。一般在11~22之间,平均为17.5。

除了这些形态上的特征性数据,金德祥先生在研究过程中还观察到一些

鲜为人知的有趣现象。比如在一些特定的情况下,文昌鱼的尾巴断裂之后会进行再生,就像壁虎遇险时断尾逃生后尾巴会再生一样。还有触须端的分叉、雌雄同体现象,以及异常生殖腺的发生等特殊现象,金德祥先生都巨细靡遗地记录了下来。

金德祥先生是首位记录文昌鱼再生能力的人。虽然文昌鱼是一种较原始的脊索动物,但再生能力并不强。一旦受了伤,就很难恢复。在研究过程

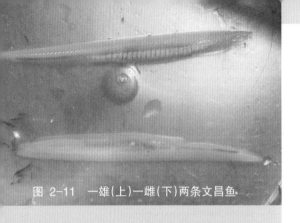

图 2-11 一雄(上)一雌(下)两条文昌鱼.

图 2-12 文昌鱼前端触须特写

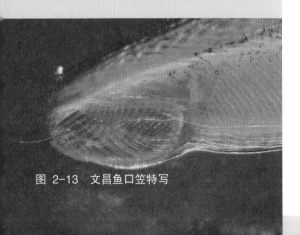

图 2-13 文昌鱼口笠特写

中,曾经出现过一次再生的案例:一次实验中,一条文昌鱼尾部被切断后竟再生了,再生的部分位于肛门后尾部,大小比原来的短小了许多,正常长度约为3.4毫米,而再生后只有1.6毫米。新长出的尾部上肌节数与原来的数量一致,只是肌节的长度和厚度不足原来的一半,并可以看到明显凹陷的再生点。断尾的背鳍鳍条并没有随之再生,可能是由于鳍条属于骨骼系统,再生能力较弱。

虽然在实验中,也有其他文昌鱼的尾部被切断,但是发生并完成再生的只有被记录的这一条,可见这种情况发生的概率很低。

就在实验室还沉浸在神奇的再生现象中时,另一条异类接踵而至,这是一条存在口笠触须分枝的文昌鱼。这条文昌鱼左侧的触须有23条,右侧只有22条,但是有一条的端部分叉。这条分枝的触须与正常的触须长短相同,中间的软骨也一分为二。经推测,可能是由于两个触须的基部融合或在发育过程中没有分开而导致的。

雌雄同体现象在植物界相当普遍,

表 2-1　不同研究者统计的厦门产文昌鱼的肌节数

	金德祥	波林和李	弗朗茨
出水孔前	36~39(平均38)	35~38(平均37)	37~38(平均37)
出水孔后肛门前	16~18(平均17)	16~18(平均17)	16~19(平均17)
肛门后	9~11(平均10)	8~11(平均10)	9~10(平均10)
共计	63~66(平均65)	62~65(平均64)	63~66(平均64)

表 2-2　不同研究者统计的厦门产文昌鱼生殖腺的数目

	金德祥	波林和李	弗朗茨
身体左侧	22~28(平均35)	25~28	24~28
身体右侧	23~29(平均27)	25~28 *	36~30
共计	45~57(平均52)	50~56	50~58

*波林和李认为文昌鱼左右生殖腺数目是一样的,因此仅计数了左侧生殖腺数目,以此推断出右侧数值

表 2-3　厦门产文昌鱼鳍条数

鳍条	数目
背鳍 出水孔前 出水孔后肛门前 肛门后	 222~298(平均240) 38~82(平均66) 2~13(平均7)
腹鳍	35~90(平均72)

在动物界也并不罕见，这种现象大多出现在昆虫等节肢动物身上。关于文昌鱼雌雄同体的现象也有过不少报道，1876年朗格汉斯（P. Langerhans）在幼年文昌鱼卵巢中发现了精子尾部；1912年古德里奇（E. S. Goodrich）在那不勒斯海域发现了一条雌雄同体的文昌鱼，这条雄鱼的身上长有一个卵巢；1914年奥顿（J. H. Orton）在普利茅斯也发现了一条长有卵巢的雄性文昌鱼；1922年里德尔（W. Riddell）也找到同样的例子；1931年厦门大学陈子英在厦门海域找到了一条精巢与卵巢数量相同的文昌鱼。

亚洲的文昌鱼最早于马来西亚的婆罗洲被找到，格雷在1847年详细记录了这条文昌鱼的特征，之后又经冈瑟补充，婆罗洲文昌鱼的特征通过精确的科学数据被表述了出来，与欧洲文昌鱼的区别也得以彰显：

身体与欧洲文昌鱼相比较为粗壮，且身子两侧外凸；

肌节数为出水孔前37，出水孔后肛门前14，肛门后10，共计64；

背鳍与欧洲文昌鱼比起来略高；

背鳍隔数比欧洲文昌鱼多；

尾鳍不向外扩展，向尾端逐渐减短。

根据以上这5点，科学家们将厦门文昌鱼的最新统计数据与婆罗洲文昌鱼和欧洲文昌鱼进行了对比，得出如下结论。

厦门文昌鱼体长与体宽之比为14.6~16.4（平均为15.3），欧洲文昌鱼的则为12.5~15.3（平均为13.6）。

厦门文昌鱼体长与体高之比为8.85~11.41（平均为10.61），欧洲文昌鱼的为8.57~10.15（平均为9.53）。

根据冈瑟的记载，婆罗洲文昌鱼的肌节总数为64，出水孔前的肌节数为37，这些特征都与厦门文昌鱼相同。上文提到过，肌节数是文昌鱼分类的重要标准之一，婆罗洲文昌鱼出水孔后的肌节数为27，这一点与厦门产文昌鱼一模一样。但奇怪的是肌节在肛门前后的分布居然有着很大的差异。参考以前的数据，婆罗洲文昌鱼出水孔后肛门前的肌节数为14，肛门后为13，而根据我国科学家张玺等观察，厦门文昌鱼出水孔后肛门前的肌节数为 17 或 15，肛门后的为 10 或 11。由于两者的肌节总数、出水孔后肌节数完全相同，所以科学家认为，所谓肛门前后肌节数不同应该不是两者本身就存在差异，而可能只是因为区分前后区域的参考标准不同，才导致记录有出入。最大的可能性就是，婆罗洲文昌鱼在被记录时没有将正处于肛门上方的肌节计入肛门前的肌节数。如果都折中来算，厦门文昌鱼与婆罗洲文昌鱼的肌节数是基本相同的，没有明显差异。

厦门文昌鱼体长与背鳍的比为 115.0~154.2（平均 132.4），欧洲文昌鱼的为 75.7~144.3（平均为 115.4）。厦门文昌鱼的背鳍比欧洲文昌鱼的低，而与婆罗洲文昌鱼接近。

厦门文昌鱼背鳍隔数为 305~339（平均为 319），欧洲文昌鱼为 194~231（平均为 217）。虽然厦门文昌鱼背鳍比欧洲文昌鱼的低，但背鳍隔数比欧洲文昌鱼的多，与婆罗洲文昌鱼不相上下。

标本由于保存的问题，尾鳍形状多有变形，所以并不适合作为分类的关键参考。但根据冈瑟记录的婆罗洲文昌鱼的形态描述，厦门文昌鱼和它们尾鳍形状极为相似。

厦门文昌鱼体型比欧洲文昌鱼的要细长，但由于标本保存关系，在身子粗细方面，没有明显的数据可供比较，所以在对比时，体长、体宽并不适用于分类对比。而其他数据，则为分类提供了充足依据。张玺等认为，厦门文昌鱼与之前记载的婆罗洲文昌鱼的形态描述极为相近，所以被认定为同一物种，都叫做白氏文昌鱼（*Branchiostoma belcheri* Gray）就这样，厦门产的我们身份被确定啦。

第四节　青岛的远房亲戚

1935年，也就是莱德教授发表《文昌鱼在生物学上之重要》一文的时候，中国厦门文昌鱼名声大噪12年后，国立北平研究院与当时的青岛市政府合作开展了关于胶州湾动物采集的工作，并组成了专业团队。这个团队发现了中国又一个生活着大量文昌鱼的地方：青岛。如果说厦门的文昌鱼产量之丰富震惊了世界，那青岛文昌鱼的产量，据张玺与顾光中的研究调查，估计又会让世界为之一颤。研究人员简直不敢相信自己的眼睛，如此庞大的文昌鱼群竟然近在咫尺，如此丰富的生物宝藏居然从未被发现，他们终于不用再望着远方的厦门眼馋了。同时，青岛文昌鱼研究也开始紧锣密鼓地展开了。

第一个问题马上就摆在他们眼前：同样生活在中国沿海，青岛文昌鱼是否是我们的远方亲戚？为了解决这一问题，张玺与顾光中进行了大量统计与调查。他们用来采集文昌鱼的工具是一种小型的双刃捞网，网的架子宽2尺（3尺合1米），高6尺，网长度为3尺，网眼直径是0.5寸（10寸合1尺）。

统计结果马上就出来了，根据1935年5月、10月，以及1936年4月、9月的青岛文昌鱼分布情况来看，在会泉角与梦岛之间，以及绿岛嘴与淮子口之间的海底，文昌鱼分布数量最多。张玺在会泉角附近用20×5.5厘米口径的挖泥器进行测量，结果表明，这里每平方米内生活的文昌鱼竟有4000余条！一般来说，采集2小时可以得到文昌鱼近300条。

以从欧洲带回的欧洲文昌鱼作为分类参考，科学家们将采集到的青岛文昌鱼与1932年从厦门刘五店带回的文昌鱼进行了形态测量与比较。

体长。采自青岛沧口沙滩的文昌

鱼,最长可达55毫米。采自胶州湾海底的文昌鱼数量有2032尾之多,可是体长都没有超过44毫米的。平均差距达到了10毫米以上,当时并不知道为什么会产生这种差异。

体高。将所有采集的文昌鱼的体高与体长进行比较,发现青岛文昌鱼体高体长比例在9.77~11.16之间,平均为10.44,且与文昌鱼的大小无关。

肌节数。青岛文昌鱼肌节数最少为65,最多为69,但是大部分个体的肌节数都是67,在被检测的150尾标本中有92尾呈现此肌节数,占61%。张玺等将肌节分为3个区域:出水孔前区、腹区与尾区,分别表示出水孔前的肌节、出水孔与肛门后缘之间的肌节、肛门之后

的肌节。这3个区域数字组合方式有14种,其中最多的方式有4种,如表2-4所示,而这些组合的区别与文昌鱼本身的性别没有关系。

口笠数。将文昌鱼按照体长分为3组进行比较发现,最少的口笠数为33,最多为59。身体越长的文昌鱼口笠上的触须越多,体长超过45毫米的文昌鱼的口笠数多在46条以上,从而推测,青岛文昌鱼的口笠数与个体年龄及体长有关。

此外,科学家们还详细记录了青岛文昌鱼的缘膜触手数、鳃杆数、生殖腺数、喙鳍尺寸、背鳍与腹鳍比、尾鳍位置与体长比等数据,为中国文昌鱼的数据统计以及国际文昌鱼的分类提供了重

表 2-4　文昌鱼肌节数组合方式

组合方式编号	呼吸孔前肌节数	呼吸孔与肛门后缘之间的肌节	肛门之后的肌节	总肌节数	标本比例
1	39	18	10	67	32.00%
2	39	17	11	67	20.67%
3	39	18	11	68	18.67%
4	39	18	11	67	8.00%

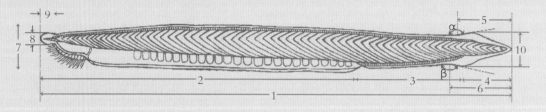

图 2-14　文昌鱼形态测量示意(仿 Tching and Koo,1936)

1. 体长；2. 出水孔前之长及出水孔前肌节数；3. 出水孔至肛门之长及肌节数；4. 肛门后之长及肌节数；5. 尾鳍上叶长；6. 尾鳍下叶长；7. 体高；8. 喙鳍高；9. 喙鳍长；10. 尾鳍高；α. 背鳍与尾鳍上叶交角；β. 臀前鳍与尾鳍下叶交角

要资料记录。

所以,张玺等通过大量的数据比较得出了结论:厦门文昌鱼与青岛文昌鱼在身体大小、口笠数量、缘膜触手数、生殖腺数、鳃裂数及鳍的大小等方面都极为相似。但是在呼吸孔前的肌节数、腹鳍隔数上,两者差异很大:青岛文昌鱼呼吸孔前的肌节数可达到39之多,而厦门文昌鱼最多也不过37;厦门文昌鱼腹鳍隔数最少为76,而青岛文昌鱼最多也不过73。

1936年,张玺与顾光中公布了它们的研究成果,他们认为产自胶州湾的文昌鱼为一新变种,并将其定名为 *B. belcheri* var. tsingtauense(Tchang & Koo,1936;1937)。当他们的研究成果公布之后,青岛也存在着丰富文昌鱼资源的消息不胫而走,全世界的科学家再一次将目光聚焦到中国。国内外专家按捺不住激动的心情,纷纷赶往青岛。青岛文昌鱼是否是我们的亚种成为了争论的焦点。

1958年,周才武比较了产自海南、厦门、青岛和烟台的文昌鱼标本后,赞同张玺和顾光中的观点,认为厦门文昌鱼与青岛文昌鱼有较显著差异,前者为白氏文昌鱼,后者为白氏文昌鱼青岛亚种。

1997年,曹玉萍等人比较了产自厦门、青岛和秦皇岛文昌鱼标本后,发现三地的文昌鱼间或多或少都存在着区别,但由于缺乏充足的数据,仍然同意张玺与顾光中关于文昌鱼的分类。

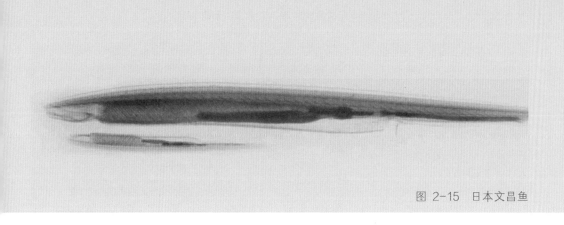

图 2-15　日本文昌鱼

　　2001年，林舆邵提出了不同的观点，他对青岛、厦门、金门、马祖和台湾附近采集到的文昌鱼进行观察比较后，认为这几地的文昌鱼并没区别，都是同一种，即白氏文昌鱼，不存在亚种一说。

　　关于是否是亚种的争论一直持续了将近70年，直到2005年，随着生物技术的发展，事情有了转折。厦门大学王义权教授带领的科研团队对厦门海域的文昌鱼再次进行了大规模的采集和数据统计，他们分别在厦门文昌鱼保护区内的黄厝、欧厝以及蟹口等海域采集了1万余条样本进行测量，同时与采自青岛海域和广东茂名的活体标本进行对比。

　　这是历史上最大规模的文昌鱼数据统计，研究团队详细测量这些样本，包括体长，出水孔前、出水孔至肛门、肛门后各段长度，尾鳍上叶长、下叶长，体高，尾鳍高，喙鳍长，喙鳍高，背鳍最高鳍室的高与宽，臀前鳍最高鳍室的高与宽，出水孔前、出水孔至肛门、肛门后各段的肌节数和肌节总数，背鳍和臀前鳍鳍数，左右性腺数，背鳍和尾鳍上叶、臀前鳍与尾鳍下叶的交角度数，以及体长与体高之比，体长与喙鳍长之比，体长与喙鳍高之比，体长与尾鳍长之比，尾鳍高与尾鳍下叶长之比，喙鳍长与高之比，背鳍最高鳍室高与宽之比，臀前鳍最高鳍室高与宽之比，等等。

　　在传统形态分类统计的基础上，最前沿的分子生物学技术被运用到了分类

表 2-5　青岛文昌鱼与厦门文昌鱼的形态对比

	青岛文昌鱼	厦门文昌鱼	备注
体长	55毫米	48毫米	青岛11条、厦门10条
体长与体高之比	9.77~11.16（平均10.44）	8.85~11.41（平均10.61）	记录中的最大数值
肌节数	65~69	62~66	青岛150条、厦门112条
口笠数	40~52	44~56	同取57条34~37毫米长的个体
缘膜触手数	15~21	11~20	同取15条30~43毫米长的个体
鳃杆数	112~224	94~224	都随年龄增加增多。同体长文昌鱼鳃杆数比较结果：厦门产比青岛产的数量多
生殖腺数	左侧23~27，右侧25~30	左侧24~27，右侧25~30	平均值接近
鳍	厦门文昌鱼的喙鳍比青岛文昌鱼的小，厦门文昌鱼的背鳍和腹鳍比青岛文昌鱼的位置低，厦门文昌鱼尾鳍的位置比青岛文昌鱼的低而且短，厦门文昌鱼的腹鳍隔数比青岛文昌鱼的多		

表 2-6　厦门的白氏文昌鱼和日本文昌鱼形态对比

	白氏文昌鱼	日本文昌鱼
喙鳍	圆形、前端钝	椭圆形、前端尖
臀前鳍	窄且高，鳍室数多于80	宽且矮，鳍室数少于70
尾鳍	窄	宽
尾鳍上叶与背鳍的夹角、尾鳍下叶与臀前鳍的夹角	大	小
雌雄鉴别及性腺发育的性别差异	雌性略晚于雄性，差异不明显	雌性明显早于雄性，不同时期采获的文昌鱼可辨性别雌雄个体比例不同

研究中,大大完善了传统形态分类学的缺陷。通过检测线粒体DNA(mtDNA)序列,就能确定不同文昌鱼之间的亲缘关系及系统演化的问题。

真相浮出了水面,困扰科学家多年的疑云散去,我们和日本文昌鱼、青岛文昌鱼之间错综复杂的关系终于明朗。科学家们发现,在厦门生活的文昌鱼其实有2种:白氏文昌鱼和日本文昌鱼。科学家还找到了可靠的形态区分特征。

所以说,虽然我们和日本文昌鱼都生活在厦门,但其实相互间存在着生殖隔离,是不能杂交产生后代的。

在此基础上,王义权的科研团队又将厦门的2种文昌鱼与青岛文昌鱼进行了形态对比与测序。形态比较结果表明,青岛的文昌鱼与日本海域的文昌鱼很相似。而从分子数据看来,日本的文昌鱼与厦门产的日本文昌鱼的12S rRNA序列的差距非常小;线粒体DNA数据显示,日本、青岛海域的文昌鱼和厦门海域的日本文昌鱼之间差异不大。在分子生物学检测的基础上,科研团队对这三地

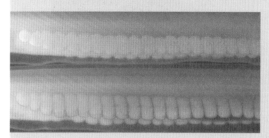

图 2-16 日本文昌鱼(上)和白氏文昌鱼(下)精巢对比

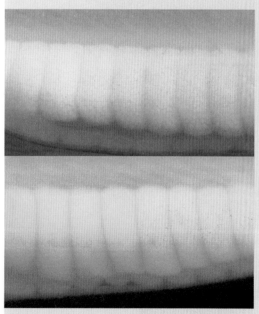

图 2-17 日本文昌鱼(上)和白氏文昌鱼(下)卵巢对比

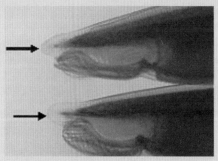

图 2-18 日本文昌鱼(上)和白氏文昌鱼(下)喙鳍形态对比

图 2-19 日本文昌鱼(上)和白氏文昌鱼(下)尾鳍形态对比

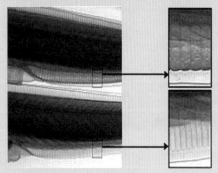

图 2-20 日本文昌鱼(上)和白氏文昌鱼(下)肛前鳍形态对比

的文昌鱼进行了为期数月的生长观察，发现它们的性腺发育也很一致，所以推断青岛文昌鱼与日本海域的文昌鱼、厦门的日本文昌鱼是同一个种，即日本文昌鱼。

王义权等科学家及其科研团队的发现可以说是文昌鱼研究史上的一个重要里程碑，在过去的几百年间，太平洋西岸的文昌鱼都被认为是白氏文昌鱼，直到厦门海域2种文昌鱼与青岛、日本海域的文昌鱼分类确定，才正式厘清它们之间的亲缘关系，解开了分类定种的谜团。后来，研究团队还对中国不同海域的文昌鱼进行了调查，划分了白氏文昌鱼与日本文昌鱼主要生活区域。白氏文昌鱼主要生活在厦门及厦门以南海域，还有新加坡、泰国、菲律宾、马来西亚等地，而日本文昌鱼分布于厦门及厦门以北海域，以及日本海域。如果你在厦门看到文昌鱼，请记得分清，看到的到底是我们白氏文昌鱼，还是我们的亲戚日本文昌鱼。

第五节　身板虽小,五脏俱全

很自豪能和人类一样,成为动物世界中最高等的脊索动物(Chordata)中的一员。不过说起来有点自惭形秽,我们所属的文昌鱼大家族是这一类群中最原始的。脊索动物的共同特点有5个——脊梁、背神经管、咽鳃裂、循环系统及尾巴。

支撑身子的"脊梁",也就是人们所说的脊椎。人类的脊椎由26块骨头组成,这26块骨头由软骨、韧带和关节连接。有的人早晚身高会发生变化,就是连接骨头之间的软骨变化所造成的。这些软骨也叫做椎间盘,具有弹性,白天人站立时,由于重力作用,椎间盘被压薄,使得整个脊椎长度减小;到了晚上卧床休息后,椎间盘慢慢恢复原来的厚度,早晨醒来时,脊椎长度就会有所增加。但是我们这类生物还没有进化出骨骼结构的椎体,还只有较为原始的

脊索——类似于棒状的软骨。脊索是由胚胎时期的原肠背壁加厚、分化、突出,最后分离形成的。脊索的外面包裹着结缔组织的脊索鞘。由于脊索细胞中有液泡,产生了膨胀力,整条脊索富有弹性与韧性。我们终生都保留着脊索,而人类这样的高等脊椎动物只有在胚胎期间会出现脊索,发育完全后脊索会形成骨质的脊椎。脊索的出现是脊椎动物进化史上最重要的一个环节,有了脊索,脊椎动物的诞生乃至人类的发展,才有了可能。曾经有人把我们称作"没有脊椎骨的脊索动物"呢。

背部的神经管。我们的神经位于背部,与无脊椎动物的腹部神经索比起来是一种崭新的进化。在高等的脊椎动物中,当胎儿在母亲肚子里时,大脑就开始发育,胎儿发育早期,大脑的雏形就是神经管。之后,脑细胞数量逐渐

图 2-21　文昌鱼成体咽鳃裂

增多,神经管的前端就发育成了大脑,大脑体积也不断增大。到了孕晚期,脑组织结构就基本完善了,神经管的后段则发育成脊髓。

咽鳃裂。在我们喉咙也就是咽的两侧,有一排不对称的开孔,这就是咽鳃裂。这些裂孔是我们用来呼吸的结构,在裂孔中有着布满血管的鳃。高等的脊索动物在胚胎期或者幼体时期都会出现咽鳃裂,之后就完全消失了。咽鳃裂也是无脊椎动物所没有的一个结构。

血液循环系统。脊索动物把神经系统转移到背面的同时,将原来在背部的循环系统移到了腹部。我们的血液循环系统被称为闭管式循环系统,所谓闭管式就是血液流动都是在心脏和血管组成的封闭系统中完成的,血液不流入组织间的空隙中,像人类这样的高等脊椎动物和一些无脊椎动物,比如蚯蚓,都是这样的循环方式。而绝大部分无脊椎动物属于开管式循环系统,它们的血液会流到细胞间。相对于开管式的循环,我们这种循环系统循环速度快,能更有效地完成营养和代谢产物输送。不过我们和脊椎动物的不同之处在于,脊椎动物有心脏,心脏是血液循环的"发动机",而我们没有心脏,我们的血液循环是依靠腹部大动脉的搏动来实现的。我们的血液无色透明,里面也没有血细胞,但我们这种循环类型,甚至是血流方向,都可以看作是脊椎动物的原始型。

"尾巴"。到了脊索动物才出现了真正的尾巴,即肛后尾,而无脊椎动物身体的末端往往都是肛门。在四肢出现前,肛后尾是早期脊索动物唯一的运动器官。随着生物的进化,尾巴开始有了越来越多的形态和功能。比如鱼的尾巴是游泳的助推器,鳄的尾巴是它们猎食的工具,猴的尾巴可以帮助它们攀爬,起到"第五只脚"的作用。而当人类还是胚胎的时候,其实也是有尾巴的,这时候的尾巴大约是胚胎本身长度的六分之一,随着胚胎发育,这条小尾巴就会逐渐被胎儿成长中的身体所吸收。

脊索的出现无疑是动物进化史上的重量级事件,它让我们的身体结构、运动能力还有自我保护强度都得到了质的飞跃。而随后演化出的脊椎动物,更是将这优势发挥得淋漓尽致,成为地球上的优势类群。

脊索及脊椎支撑着身体,承受了来自地球的引力,对内脏器官起着固定和保护作用。脊索及脊椎上面附着大量肌肉,通过不同肌肉的协调运作,脊索动物得以在陆地、海洋甚至空中自由、准确地运动。有了脊索的固定,就不用担心动物在这些高难度的运动过程中,因肌肉组织收缩或舒张而变短或者变形了。也正因为这样,脊索动物们才有了向大型化发展的资本,比如恐龙、象、鲸,等等。而头骨的形成、脊椎骨的完善,是我们重要的神经系统进化的保证,这些重要并且脆弱的神经是大自然赠予的无价之物。

脊索动物主要分为三大类。

第一类是尾索动物(Subphylum Urochordata)。尾索动物经常和文昌鱼为伴,生活在同一片海域,它们有尾海鞘(Appendiculariae)、海鞘(Ascidiacea)、樽

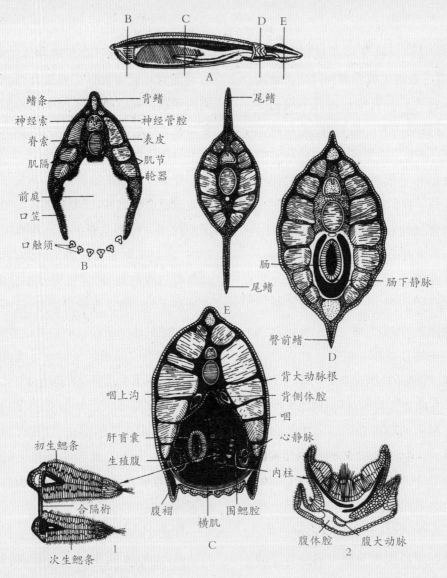

图 2-22　文昌鱼的横切面示意图（自 Wischnitzer）

A. 横切部位示意图；B. 过口笠部切面；C. 过咽部切面,示(1. 鳃条;2. 内脏);D. 过肠部切面;

E. 过尾部切面

46

图 2-23　固着生活的现生海鞘成体

海鞘(Thakiacea)等。它们的脊索仅限于尾部,是最先出现的脊索。与我们终生拥有脊索不同的是,绝大部分尾索动物的脊索和背部神经管只在小时候还长着尾巴的阶段存在,成年后就会消失,并且大部分种类都向着固着生活方向发展。也有少数的尾索动物终生具有脊索,如海樽等。它们的身体最外层是被囊,所以被称为"被囊动物"(Tunicata)。

第二类是头索动物(Subphylum Cephalochordata)。文昌鱼就是头索动物,背部的脊索和神经管终生存在,并从头部开始贯穿着整个身体,所以才会被称为头索动物。不过由于文昌鱼表皮只有一层细胞的薄膜皮肤,也没有明显的头部,所以也被称为无头类(Acrania)。

第三类是脊椎动物(Subphylum Vertebrata)。脊椎动物是至今世界上最

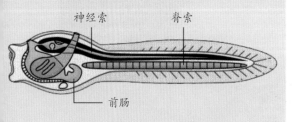

图 2-24 尾索动物幼体结构模式图

神经索　脊索

前肠

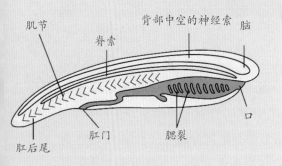

图 2-25 头索动物结构模式图

肌节

脊索　背部中空的神经索　脑

肛后尾　肛门　腮裂　口

高等、最为成功的一类生物,它们在胚胎发育期间还存在着原始的脊索结构。脊椎动物发达的大脑和感觉器官都集中在前端,形成了头部这一概念,所以被称为有头类(Craniata)。

作为这3大类中间的一环,文昌鱼是研究无脊椎动物向脊椎动物进化的过渡性代表生物,由于文昌鱼已存在地球上5亿年之久,至今还基本保持着原来的结构,所以也被作为脊椎动物祖先的参考模型。进化论鼻祖、19世纪自然科学家的代表、《物种起源》的作者、英国卓越的博物学家达尔文在《人类的由来》一书中提到:文昌鱼这一伟大的发现,提供了指示脊椎动物起源的钥匙。

我们白氏文昌鱼可以作为头索动物的代表物种,但经常有人误以为我们是小银鱼。我们有着半透明的身子,扁扁的、两头尖尖,不仔细看的话还不能分辨出哪里是头哪里是尾。其实我们还真的没有"头"这个概念,首先我们还没有出现颌,其次是没有发育的脑,所以才被叫做无头类。在半透明的皮肤下可以看到身上60多对"〈"形的肌节,

图 2-26　文昌鱼脊索通向头部

肌节间被结缔组织的肌隔分开,身体两侧的肌节并不对称,方便我们在水中采取扭动的方式游泳。虽然皮肤半透明,不过在阳光下我们的身上会折射出七彩的光泽,很是漂亮。

我们一般体长在50毫米左右,不过在美国的远亲加州文昌鱼(Branchiostoma californiense)个子可以达到100毫米,是家族中的巨人。如果和它们并排,我们只够得着它们的腰部。

在身子前端,也就是我们的"嘴",像一个漏斗一样,称为口笠,里面称为前庭,上面有着轮器,还有一个环形的缘膜,中央为口。在口笠和缘膜的周围长了很多胡子一样的触须,称为环生触须和缘膜触手,虽然看起来像一脸大胡子,但是这些触须和触手是我们重要的生活器官,它们可以保护嘴巴,过滤掉没用的杂物,防止泥沙进入口中。进入口中的食物会被分泌出的一种黏液结成小团,再由纤毛将它送入消化道。我们的肠道很简单,在最前方有一个肝盲

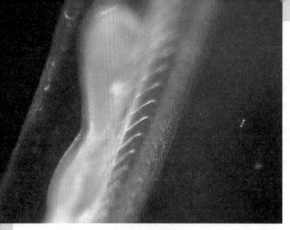

图 2-27　文昌鱼肝盲囊

囊，能分泌消化液，与人类的肝脏同源。成为小团的食物被肝盲囊细胞吞噬并吸收消化，大颗粒的食物在肠子里继续被分解后会重新回到肝盲囊中进行再消化，剩下的食物残渣经过肠子吸收后排出体外。

在身体前端还有名为咽腔的器官，是我们呼吸的"鼻子"。在咽腔两侧大约有60多对鳃裂，上面布满了纤毛和血管。当大口喝水的时候，水借助纤毛的摆动流过鳃裂，流经鳃裂的水中的氧会与鳃裂上的毛细血管进行气体交换，随后水被排出围鳃腔。我们的皮肤也具有一定的呼吸能力，可以在水中摄取少量的氧。

我们的背上有一条背鳍，从前端衍生到尾部，与尾鳍相连。我们的鳍都不成对，所以很难在水中长时间保持平衡地游动。腹部前端两侧的皮肤下垂，形成了皱褶，像是太胖造成的"游泳圈"，称为腹褶。腹褶和臀前鳍的交界处有一个叫做出水孔（也叫腹孔）的小孔，进入咽鳃裂的水就是从这里被排出。

我们的循环系统属于闭管式，与脊椎动物相同。但是我们还没有出现心脏，只有一段具搏动能力的腹大动脉，因而又被称为狭心动物。腹大动脉往两侧分出许多成对的鳃动脉进入鳃隔，鳃动脉在完成气体交换后，汇入2条背部大动脉中。背大动脉中都是含氧量高的血液，被送往身体的各个部分。我们的血液是无色的，也没有血细胞和呼吸色素，动脉中的血液通过组织间隙进入静脉。

说到排泄系统，也许大家会觉得很不好意思，但是这是生物非常重要的系统，因为只有将废物和毒素排出体外，我们才能保持健康。可能很多人不知道，排泄系统简单地说只负责出汗和排尿，而"大号"应该是属于消化系统的最

图 2-28　文昌鱼收缩围鳃腔

图 2-29　文昌鱼喷出体内海水带走杂物

后一环。人类的排泄系统中最重要的当属肾脏,可惜我们还没有进化出这种高级器官。我们的排泄系统由10对按节排列的肾管组成,它们长在咽壁后两侧,从结构和机能来说和扁形动物、环节动物的原肾比较近似。每根肾管是一个短而弯曲的小管,在它弯曲凹进去的那面有单个开口于围鳃腔的肾孔,小弯管的背侧连接着5~6束与肾管相通的管细胞,它紧贴体腔长有一条鞭毛。经过代谢的废物通过体腔液渗透进入管细胞,鞭毛的摆动将它们送入肾管,再由肾孔送至围鳃腔,随水流排出体外。另外,在咽部后端背部的左右,各有一个称为褐色漏斗的盲囊,科学家认为这个盲囊可能具有排泄功能和感受功能。

我们的中枢神经是一条在背部中间贯穿全身的神经管,神经管的前端膨大,称为脑泡,可以算是一种早期的脑吧。在幼体时期,我们的脑泡顶部有个神经孔与外界相通,长大后会完全封闭,但神经管的背面并未完全愈合,会留有一条裂隙,称为背裂。周围神经包括由脑泡发出的2对"脑"神经和自神经管两侧发出的成对脊神经。神经管在与每个肌节相应的部位,由背、腹各发出一对背神经根(简称背根)及几条腹神经根(简称腹根)。背根和腹根在身体两侧的排列形式与肌节一样,左右交错但不对称。背根负责感觉和运动,接受皮肤感觉和支配肠壁肌肉运动;腹根专管运动,分布在肌肉上。

我们平时运动得较少,感觉器官并不是很发达,许多位于神经管两侧的黑色小点是我们的感光器,称为脑眼。每个脑眼由一个感光细胞和一个色素细胞构成,可通过半透明的体壁,感知光线。在神经管的前端有一个大于脑眼的色素点,又叫眼点,但是看不见东西,有人认为这是退化的平衡器官,有人则认为这有遮挡阳光使脑眼免受阳光直射的作用。另外,我们全身皮肤中还散布着零星的感觉细胞,尤以口笠、触须和缘膜触手等处较多,极为敏感。

第三章　我们的生活

第一节　家园和邻居

我们虽然不起眼，但是对生活环境要求极高，喜欢生活在水质清澈、5~10米深的温暖浅海地区，水流也不能太过湍急，松软的沙砾地是安家的好地方。厦门地处中国东南沿海，位于北温带与亚热带之间，这里的物理、化学和生物条件都非常适宜，是我们白氏文昌鱼的理想家园。

我们的生活要求适宜的物理环境，包括水域、水质、水流、水温及沙子等因素。

我们生活在平均8米深度的区域，虽然水的压强对我们影响不大，但16米的深度是我们的生存极限，更深的海域就不适合我们生活了。

我们生性爱干净，透明度高的海水才能让我们健康生长。厦门海水多保持深蓝色，鲜有出现黄色，在这种清洁的水质下，供我们食用的浮游生物数量很可观。

我们生活的地方水流不能太急，风浪也不能太大。幼体尤其经不起强烈的水流冲击。缓慢的水流不会马上把食物冲走，而且和静止的水相比，流动的水中含氧量更高，不仅对我们有利，也有利于其他的水生生物生存，从而让我们的食物更加丰富。所以，集美和刘五店附近水流速度较慢的开阔海域，是理想的生活地点。

我们对温度的变化很敏感，当水温低于12℃时我们就会死亡。厦门的温度适宜，一年四季的温度变化幅度不大，全年最低气温10.5℃，最高34℃，而水温则在12~30.5℃之间，这给了我们温暖舒适的生活环境。

沙是我们生活最重要的部分，没有沙子我们就无法存活。厦门海域细沙较多，这适合我们钻沙与呼吸。不过沙子的比例也不能太高，我们更喜欢沙子中有甲壳动物、软体动物和棘皮动物等的骨骼残骸，便于进出和呼吸，而厦门海域恰恰万事俱备，为我们钻沙提供了方便。

我们对化学环境的要求也比较高，盐度、溶解氧、酸碱度，以及其他一些化学物质的含量，都会影响我们的生存。

海洋动物对盐度要求很高，因为它们体内的渗透压高，一旦海水盐度下降，淡水就会进入动物体内，动物就会因体内水分过多膨胀致死。因此，一般盐度略微变化时，动物可以靠自身调节，但是明显变化时就会大量死亡。引

起盐度变化的原因很多，如温度、水流、底质、淡水流入等都会引起盐度的变化。太平洋海水的平均盐度为35‰，世界上盐度最高的海域是红海，甚至能达到38‰，最低的地方波罗的海只有7‰，而我们最适合的海水盐度则是在20~31‰间，低于15‰会引起死亡。在厦门高崎与集美之间，海面比较狭窄，据说几百年前人们可以步行通过这里，再加上岛南有一条深沟，使得厦门岛南边的淡水不会流入，这样就不会因稀释了海水导致盐

图 3-1　沙中的文昌鱼

图 3-2　文昌鱼的生活环境

图 3-3　两只寄居蟹在分食文昌鱼(箭头所指处)

度而造成我们的不适。这个区域对我们生活十分有利。

　　水在流动时能从空气中不断吸收氧气,溶解于水中的氧称为溶解氧。对一些鱼类来说,当水中溶解氧含量降到5毫克/升时就会呼吸困难。水生动物能在水中进行新陈代谢,前提就是水中的溶解氧充足。可以说,溶解氧是水生生物的生命线。溶解氧的多少是衡量水体自净能力的一个指标。在一片水域里,溶解氧被消耗否,要恢复到原始状态所需的时间越短,水体的自净能力就越强、水质就越好。水温会影响溶解氧的含量,海水温度低溶解氧含量就高,温度高溶解氧含量就低。我们对溶解氧和水质要求严格,当溶解氧含量在5.19毫克/升以上时,水质清爽、没有污染,最适合我们生长了。

　　我们对水的酸碱度也比较敏感。酸碱度通常用pH值来表示,p是德语"浓度"的缩写,H代表"氢离子"(H^+),pH值数值范围从0~14,7表示中性,数值越小酸性越强,反之则碱性越强。人类体内最适酸碱度是7.35~7.45,而生活在都市的人

80%体液偏酸,容易出现不健康状态。当人体液pH值低于7时会发生重大疾病,下降到6.9时就会变成植物人,到6.8或6.7时就会死亡。这点我们和人类很相似,当海水pH为7或以下时,我们就会死亡,因为海底污泥的酸度很高,所以那里不适合我们的生存,我们比较适合生存的地方是pH值为8.1~8.2的海水。

海水中其他一些化学物质也会改变环境,对我们生存产生影响。比如硝酸、亚硝酸、五氧化二磷,会使海水变酸。碳酸盐和碳酸氢盐也会影响海水的pH值。还有硅的含量,会对我们的食物硅藻的生长有着较大的影响。氯化物、溴化物、碘、钾、钠、镁和铁会影响盐度。铵盐、铵铝影响海水中细菌的含量。海水的物质平衡一旦被打破,我们也将遭到灭顶之灾。

当然,作为一种动物,我们也离不开适宜的生物环境。我们主要以浮游动物、浮游植物、小型原生动物、小型植物,以及海底的分解物为食,其中以硅藻为主。还有很多好邻居和我们一起生活在一起,主要是一些软体动物、多毛类动物和甲壳类。大多数情况下我们都能和平地共处,但邻里间偶尔也会有点小摩擦。

我们当然也有天敌。对我们最大的威胁就是鱼类,特别是当我们的幼体还在浮游期时,很多都落入鱼口。海星也是我们的天敌之一,幸好这里的海星比较少。有些敌人会乘我们受伤时乘虚而入,比如纤毛虫,它们会在我们伤口上给予致命一击,导致我们快速死亡。

除了海洋生物外,人类是我们遇到的最大麻烦之一。在过去,由于我们数量多,人类用的捕捞工具较为原始,再加上繁殖期的文昌鱼很不好吃,渔民便会自行停止捕捞,所以对我们的数量造成的影响并不大。但现在,情况有些不一样了。

曾国寿是厦门一中的一位退休的高级生物教师,他凭借一份与文昌鱼有关的教学方案成为了美国英特尔杰出教师奖第一名,后来一颗编号为21398的小行星以他的名字命名,这份荣誉来自美国麻省理工学院林肯实验室,以表

图 3-4　海参、海葵和海蟹都是文昌鱼的伴生动物

彰他为教育事业作出的杰出贡献。曾国寿为了探索文昌鱼的奥秘放弃了无数个休息日，熬过了无数个不眠之夜，带领学生做实验，采集数据，让更多的孩子认识了我们这种不起眼的小东西的不平凡之处。

在2000年，曾国寿老师对黄厝区域内底栖动物的种类与分布做了调查与记录，让更多的人了解了与我们伴生的生物。根据他的记录，该区域底栖动物包括海绵动物、腔肠动物、星虫动物、软体动物、甲壳动物、腕足动物、棘皮动物、尾索动物以及脊椎动物，共80多种，我们生活在一个生物多样性丰富的生态系统中。

科教片《文昌鱼》是上海科技馆自主创作拍摄的《中国珍稀物种》系列的第五部，影片的主要取景地就在厦门。在2012年影片拍摄过程中，项目组也对伴生生物做过一个简单的调查。在黄厝大潮32厘米的时候，采集了一些我们活动区域的伴生生物，除了以上所列的门类，还包括刺胞动物、节肢动物等。

第二节　恋爱

每年 6~9 月，海水渐渐变暖，就到了我们繁殖的时间。我们的繁殖高峰期是在 6 月上旬到 7 月上旬，持续 1 个月左右，到了 8 月和 9 月有时也会有小产期。科学家把我们在繁殖高峰之后出现的繁殖期称为小产期。金德祥先生曾经在书中说我们月月有产，这可能是个错误哦。

当我们 1 岁时就已成年啦，平时单从外形上可是很难区分雌雄的，不过到了我们的繁殖季节，一般就能轻易地通过生殖腺的颜色来进行分辨了。雄性的精巢呈乳白色，雌性的卵巢则呈柠檬黄色。此时的我们，腹部两侧的精巢和卵巢都十分饱满，我们已经为孕育下一代做好准备了。

在夜晚寂静的时候，成年的我们会时不时游向水面活动，寻找着对自己有好感的异性。我们的求偶方式很特别，一般是雄性先一跃出水并紧贴水面急速游动，然后迅速钻入沙中。接着雌性出现。雄性和雌性相互追逐，转圈，还会像跳华尔兹般波浪式地游泳，这是我们产卵前的信号。在追逐的过程中，我们就能找到情投意合的对象。如果发现了好的对象，雄性就会跃出沙子游向水面快速地排精，紧接着雌性也一跃而出排出卵子。越来越多的雄鱼和雌鱼跃出沙子，频率越来越高，场面蔚为壮观，仿佛漫天烟花缤纷交错，化成千万金星，再如云彩般缓缓落下。直到深夜来临，这场盛大的宴会才落下帷幕，归于平淡。水中的精子和卵子结合，形成受精卵，运气好的受精卵将在 10 个多小时之后变为幼鱼，开始海中生活。

厦门虽然有 2 种文昌鱼，但是我们和日本文昌鱼之间存在着生殖隔离，无法跨种族恋爱。

图 3-5　繁殖期的雄文昌鱼

图 3-6　繁殖期的雌文昌鱼

有些科学家在观察了我们的产卵和排精过程后认为，雄性先排精意味着在我们的精液里可能存在着一种类似性外激素的物质，这种物质会诱导雌性排卵。动物的性外激素一般是指昆虫的性外激素。在交配季节，性成熟的昆虫会向体外释放具有特殊气味的微量化学物质，同种的异性昆虫会被这种物质引诱，前来进行交配。大多数情况下是雌性分泌性外激素引诱雄虫前来，这种激素具有专一性，只对同种的异性有效，其他种类的昆虫不会受到引诱。在昆虫世界中，不同种类的昆虫的性外激素引诱距离也各有不同，比如家蚕只有几十厘米，有种天蚕蛾能达到4千米，而最厉害的当属蝴蝶，它们的嗅觉之灵感，能让雄蝶根据性外激素的痕迹波浪式追踪飞行11千米之远。至于我们分泌的这种物质到底是什么，还需要科学家来进一步研究哦。

图 3-7　雾状的精子

图 3-8　文昌鱼卵在沙子上（箭头所指处）

图 3-9　文昌鱼卵受精

第三节　出生

像之前说过的，我们从受精卵发育到成体的时间很短，但每一个阶段都与高等脊椎动物的发育过程有着很多相似之处，所以我们在发育生物学上也是一种重要的参考物种。

生命开始于那场美丽的"烟火"之后。成功受精的卵细胞，会在一瞬间发生变化，如果放大百倍千倍，那将是一幕幕震撼人心的画面。

受精的卵细胞好似一轮满月，外面被一层薄薄的轻纱（卵膜）环抱，中间有着一圈透明的空间。大约过了45分钟，"月亮"从经线方向一分为二。受精后1小时10分，再次发生经线方向的分裂，不过这时的分裂面与上一个分裂面相互垂直，产生了4个大小均等的细胞。到了1小时30分，改从纬线方向分裂，与刚才两个分裂面都垂直，产生8个细胞。这时的8个细胞相互之间有

了大小的差异，比起最初的受精卵，每个细胞显得小很多。在第2小时前后，又发生经线分裂，变成16个细胞。接下来，分裂过程像是被按下了"快进"键，分裂、增殖的速度大大加快，已经很难看出细胞之间的界线。这时的胚胎看上去就像一个细胞团，但颜色比最初的"月亮"浅了很多，称为桑葚胚。3.5小时后，进入了囊胚期的最后阶段，"月亮"的表面逐渐变光滑。第4个小时开始进入原肠早期，"月亮"的一面向内凹陷。6个小时后，进入原肠中期，这时候植物极细胞内陷处的小孔（原口）与外界相通，这里就是胚体的后端。这时候胚胎形成了内、外两层细胞，分别称为内胚层和外胚层，此时的胚胎为原肠胚。之后胚胎开始延长，产生中枢神经，胚层进一步分化，各种器官开始形成。

第9个小时，胚体进入了神经板期，

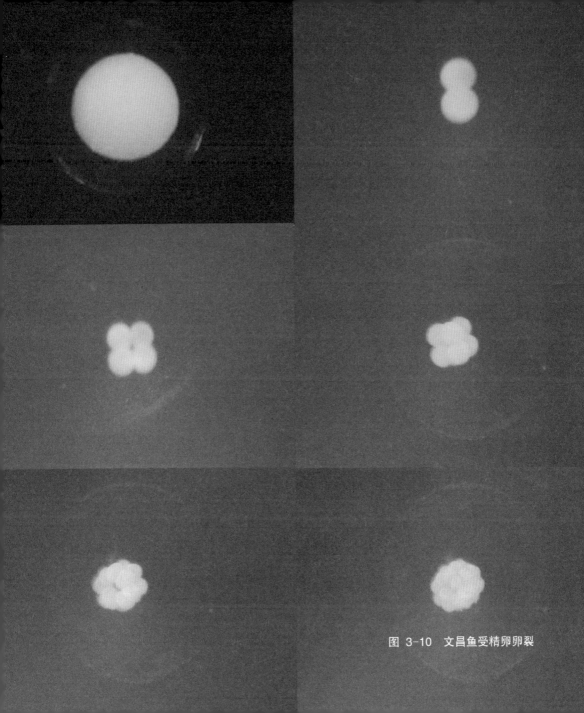

图 3-10　文昌鱼受精卵卵裂

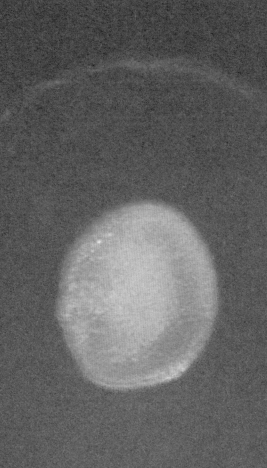

图 3-11　文昌鱼神经胚

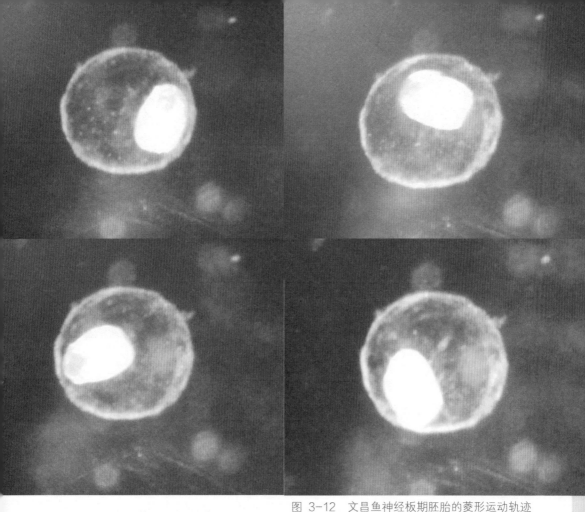

图 3-12　文昌鱼神经板期胚胎的菱形运动轨迹

它看起来就像水母一样晶莹剔透,而且具备对外界刺激产生反应的能力。这时的生命体看起来更像动物了,由此进入了胚胎发育的高潮阶段。在纤毛的帮助下,文昌鱼胚胎开始在卵膜内缓慢转动。到了9小时20分,胚体由"水母"变成"蚕豆",同时变得更加活泼,不停地旋转运动,但只局限在卵膜包被而成的空间的中央。在第10小时前后,"蚕豆"又变成了一朵"郁金香",活动范围

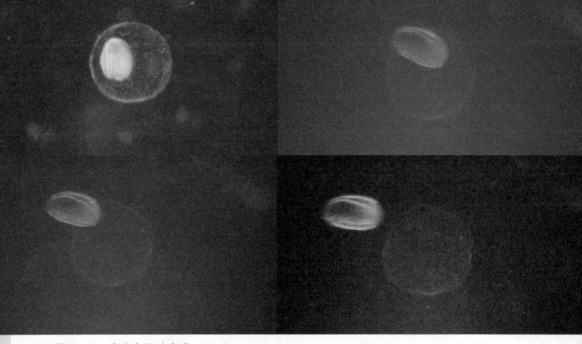

图 3-13　文昌鱼胚胎出膜

也在扩大。"郁金香"的活动呈现出一定的规律性:运动路线就像一个直立的菱形,而且卯足了劲向右侧的卵膜冲撞过去。此时的胚胎尽管没有眼睛,却像是看得见一样——无论是运动路线还是撞击,都带有明显的方向性。这种方向性的诱因是什么? 可能是环境光线的诱导,也可能是重力,或者两者兼而有之。在此期间,胚体的体节逐渐出现,神经系统也在逐渐发育形成。体节内侧又分化为生骨节,就是以后形成脊索

鞘、背神经管外面结缔组织和肌隔的部分了。在12小时左右,发育完善的胚体都陆续出膜了,开始了浮游生活。刚出膜时的"小毛豆"只有4~5节体节,之后就快速成长,体节增加。这时在胚体中部的神经管上会出现一个芽点,随后鳃的区域逐渐扩大,最终发育为小鱼形状,在身子的左前方出现口,尾鳍也出现了。口的出现标志着胚胎发育阶段的结束,发育进入幼体阶段。

第四节　成长

在我们张开口的同时,第一个初级鳃裂也出现在了右侧的腹部,慢慢地鳃裂从腹部往上扩大发育为完成的初级鳃裂。在第一个初级鳃裂长成后,第二个便紧随出现,同时肛门形成,这意味着我们的消化道发育完善,可以去吃第一顿美餐了。随后,第三初级鳃裂出现,这个初级鳃裂形成的速度会比之前慢很多。在开始变态前,幼体的变化主要是体长增加和初级鳃裂数目增加。初级鳃裂的生长顺序是从前往后,前端的初级鳃裂在腹部形成后往右上方生

图 3-14　文昌鱼幼体,无鳃裂

长,避开口的位置,而后面的初级鳃裂则可以往左右扩大。脑泡第二个眼点在第三初级鳃裂出现后也形成了,随后眼点的数量逐渐增加。我们的口是狭长的椭圆形,可以看见周围有着稀稀拉拉牙齿一样的突起。

当初级鳃裂发育到一定程度后,幼体进入重要的变态阶段。文昌鱼幼体的变态主要是要完成围鳃腔的形成、次级鳃裂的形成、口的位移、内柱的发育等重要形态变化。在开始的时候,幼体

腹、鳃、肠的交界处被腹褶突起包起来,形成围鳃腔。随后,围鳃腔往两端发育,把前端的鳃包裹住,这时候幼体前端右侧、初级鳃裂上方出现了数个次级鳃裂,次级鳃裂逐渐往腹面扩大,其间每个鳃裂的最上端形成一个横隔,把鳃裂一分为二。在次级鳃裂发育的过程中,口的位置慢慢往前方移动,原来在右侧的次级鳃裂往左边移动,最早形成的鳃裂与最后几个初级鳃裂这时候消失了。中间的初级鳃裂也形成了横隔,

图 3-15　文昌鱼幼体,鳃裂数5

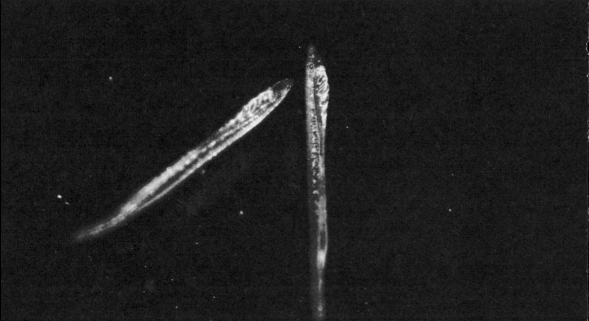

把原来的鳃裂一分为二形成次级鳃裂。这时左侧形成的次级鳃裂数目与原来初级鳃裂的数目基本一致。在左、右次级鳃裂发育过程中，内柱从前往后不断生长，贯穿了整个鳃区。口部往前移动，又从左侧移到中间，最后前端长出口笠，以及周围的触须。这一过程中，轮器、缘膜及缘膜触手也发育完成了，我们的面貌也就基本成型。在围鳃腔完成后，肠道的前端向前凸出形成肝盲囊。肝盲囊的形成标志着幼体发育的完成，成为了亚成体，从此我们可以从浮游生活转为钻沙生活了。这时候除了个头小、鳃裂数少、没有生殖腺外，已经和成年文昌鱼没有什么区别了。

从出膜到浮游生活，幼体需要约2天时间。20天的时候幼体出现了9个鳃裂、9个眼点。33天时，可以看到清晰的肌节，口部周围出现突起，并进入变态时期。肝盲囊在37天左右开始生长，口笠触手、缘膜触手也相应出现。42天后变态完全，形成亚成体的文昌鱼。

我们的幼体与日本文昌鱼的幼体也存在着一定的区别，尤其是口与前端的形状。我们的幼体口比较窄长，初级鳃裂数也较多，日本文昌鱼的口宽且短一些，初级鳃裂数也相对较少；在2~3天时口后缘一般超过了第一鳃裂的位置，在后期阶段可以到达6~7个鳃裂的位置，日本文昌鱼幼体则在起初不超过第一鳃裂后缘，之后生长至5~6个鳃裂位置；我们幼体前端比日本文昌鱼幼体粗短一些。

在自然生长温度下，我们大概需要42天时间发育成亚成体，而日本文昌鱼需要50天左右。不过在相同的温度下，日本文昌鱼发育要比我们快许多。我们在胚胎发育时期经历的时间非常短，而幼体早期的发育较慢。渡过这段缓慢的生长期，我们的幼体状态持续大约2周时间，而日本文昌鱼需要3周，在这期间我们每天约增长0.2毫米，日本文昌鱼每天增长0.15毫米。直到进入变态阶段，我们的生长又开始变得缓慢。

当我们还是亚成体时，在几个星期里可以长到8.8毫米长，之后开始变得缓慢。随后的6个月中，每月平均增长1.46毫米。到第二、第三、第四年，月平均增长 1.70 毫米、0.67 毫米、0.31 毫米。日本文昌鱼在 6 个月内平均增长 2.2 毫米，之后 7~12 个月内平均增长 0.8 毫米，第二、第三、第四年，月平均增长 1.25 毫米、1.08 毫米、0.75 毫米。世界各地的文昌鱼虽然会因为种种因素生长速度不一样，但是都有一个共同点，那就是在出生 2 年内生长非常快，之后逐渐减慢。

根据我们这些生长数据，王义权等将白氏文昌鱼的生长速度归纳为一个模式：快（开口前）—慢（幼体早期）—快（幼体中期）—慢（变态期）—快（亚成体、冬季前）—慢（亚成体、冬季期间）—快（亚成体、冬季之后至性腺发育之前）—慢（性腺开始发育之后）。这个模式同样适用于我们的亲戚。

虽然文昌鱼的生长模式基本一致，发育过程也相似，但是环境条件对文昌鱼的生长发育的影响比较大，其中最主要的影响因素就是温度。科学家们做过很多实验，发现我们白氏文昌鱼在 23.2~24.4℃ 的环境中受精到孵化需要 12 小时，但在 28.5~29.5℃ 的情况中只要 8 小时便出膜。佛罗里达文昌鱼在 22.5℃ 的环境中，出膜、幼体开口、开始变态和完成变态的时间分别为 10~12 小时、32 天、41 天、47 天，若放入 30℃ 的水中需要的时间则分别为 7~8 小时、23 天、27 天、32 天。性腺的发育不但与年龄有关，与温度的关系也十分密切，只有温度超过 18℃ 才有助于文昌鱼的性腺发育。

我们的寿命只有短短 4 年，形体和胚胎发育模式与脊椎动物有着许多相似之处。我们自出生开始就要面临重重危险，然而强大的生长和繁衍能力，让我们历经数亿年，奇迹般地存活了下来。希望从我们身上，人类能找到解开起源之谜的重要线索。

第四章　**我们的危机**

第一节　捕捞历史

文昌鱼渔业这个名词首先是被厦门大学的美籍教授莱德采用的,他在《科学》发表论文后,厦门同安刘五店丰富的文昌鱼资源和绝无仅有的捕捞开放引起了国际上的广泛关注,他在文中描述了厦门海域捕捞文昌鱼的几种方法,并发表了一些照片。

在18世纪以前,文昌鱼被视为名贵食材,地中海、马来西亚、日本、北美洲等12个海洋边岸都发现有文昌鱼的存在,但是产量极低,被食客们视为饕餮珍品。后来在德国、美国沿岸也发现有文昌鱼的踪迹,但数量同样稀少。在厦门和青岛的文昌鱼资源还没有被发现之前,我国科学家为了研究和教学,不得不以极高的价格向国外购买。但到了1923年,厦门的文昌鱼渔场以庞大的文昌鱼资源震惊世界,世界上所有涉及文昌鱼的研究,无不前来厦门取材。

虽然科学家还没有发现我们的存在,不过在老百姓的眼里,我们早已经融入了他们的生活。厦门同安刘五店渔民捕捞文昌鱼的历史可以追溯到300多年前,据了解,以前华侨们回到厦门探亲,离开时最想带走的东西就是文昌鱼干。在他们眼里,这就是家乡味道,每次一品尝文昌鱼干就会勾起对家乡的思念,仿佛回到童年时光,与同伴一起赤足在沙滩旁嬉戏,看渔民们用奇特的方式来打捞这种有趣的小东西。文昌鱼作为一种奇妙、重要的生物,在世界上极为罕见,却在厦门附近浅海大量分布。刘五店渔场是迄今为止全球历史上惟一一个曾形成渔业的文昌鱼渔场,据统计,当时的捕捞量在150吨/年左右,产量最高的年份是1933年,达到282吨,到了1945~1956年,每年的捕捞量控制在50~100吨,刘五店文昌鱼的蕴储量之丰富和稳定可算得上是生物界的一大奇观。据厦门老人回忆，20世纪50年代，在夏季经常可见渔民挑担叫卖文昌鱼，每斤仅需几毛钱。到了60年代，年产量降至三四吨，而到70年代末就根本已经不能形成渔业了。1980年，香港大学校长罗伯特（Robert）教授受邀至厦门讲学，当时第一道菜就是文昌鱼干，罗伯特教授感叹到："太可惜了，一条文昌鱼要1美金呢！"由于产量骤减，新鲜的文昌鱼在黑市上1千克价格达到了2000元人民币，而1千克鱼干的价格已经被炒到了5000元人民币。

在文昌鱼成为国家二级保护动物之前，300年的捕捞史并没有威胁到我们的生存，相反，根据我们的潜沙习性，适当的捕捞反而能帮助疏松底质，减少海底泥沙的淤积，这样能更有利于我们的繁衍。然而到了近代，在经济利益的驱动下，过度开发、过度捕捞直接危及文昌鱼资源的持续保有量。有渔民回忆说，在20世纪70年代中期，村里很多渔民都是赤裸身体下海捞鱼，然后直接上岸来卖。文昌鱼装在竹筒里面供购买者挑选，有意向的买家将手指伸入竹筒掂量，用手势直接与渔民比划还价，整个过程都不开口说话。在1977年的时候，厦门同安琼头一带发现了新的文

图 4-1　捕捞文昌鱼的船只

图 4-2　捕捞文昌鱼

昌鱼资源,缓解了捕捞的压力。可是好景不长,90年代时,文昌鱼价格更是突飞猛进,有一些船只居然为了增加捕鱼量,使用电捕拖网捕捞,琼头一带每天有几十条渔船在海区及其周围电鱼,强大的电脉冲让我们瞬间毙命,大量文昌鱼被电死,文昌鱼资源第二次大衰减。

据金德祥等记载,1945~1956年间,在刘五店及附近的渔村共有10处,居民7300人,其中8.36%以渔业为生,而专门捕捉文昌鱼的有418人,占了渔民的68.52%,共有渔船209艘。

我们是一种奇特的生物,想要捕捞我们当然也不能用平凡的方式,不用鱼钩,不用渔网,人们想出了更好的办法,那就是“沙里淘鱼”。一条渔船,一把锄头和一个竹筛就足够了,简单、原始。

这种捕捞文昌鱼的方法,是同安县

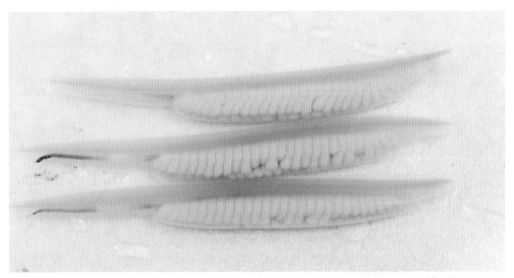

图 4-3　繁殖期的文昌鱼

浦南人蔡九乞于 1840 年发明的，名为"长舢舨长锄打捞法"。舢舨约重 1 吨，长约 5.5 米，宽 1.5 米，深 2.5 米，前端 0.5 米，后端为 1.5 米。捕捞时，每船 2 人，一人撑船一人拿锄头，船进渔场固定船位，锄头朝前方 45°方向，沉入海底，然后船稍后退，再前进，在锄与船垂直时，徐徐取沙倒入船中大盘，一盘要铲沙 100 次，一潮水最多铲 3、4 盘。然后返港，用竹筐筛选，先滤去细泥细沙，随后倒入大筐，上下左右摇动，文昌鱼就会被筛集在筐的一边。

文昌鱼不仅能作为标本出口换取外汇，也被人们食用。厦门人视文昌鱼为高级的食用蛋白、人间美味，常作补品。除了用鱼干当下酒菜，还可以熬汤，据地方志记载，最佳吃法是把文昌鱼放在锅里加生油焙干。老一辈的渔民大多享用过这种美味，曾有节目采访过当地渔民，有些渔民至今仍能记得吃文昌鱼的场景："以前文昌鱼就是村里最平常的食物，早上吃稀饭，也要配点酱油水文昌鱼当菜。最有名的一道菜就是文昌鱼煮面线，现在想起来还要流口水。"

图 4-4　非繁殖期的文昌鱼

　　金德祥曾对文昌鱼与其他鱼类进行过分析比较,发现与其他鱼相比,文昌鱼脂肪含量较低,碘含量高,蛋白质含量达70%,磷较少,硫较多,尤其是夏天更为明显,铁和钙的含量也很高。夏季时脂肪含量低,秋季最高。夏季是文昌鱼的繁殖季节,生殖腺的味道降低了食用口感,所以在夏季一般不食用。以前在夏季时,其他鱼类的产量也非常丰盛,所以过去大部分渔民在夏季不捕捞文昌鱼。由于此时正好是我们繁殖的季节,所以此举无形中就保护了我们,哪怕之后再行捕捞,我们也能自行恢复种群数量。可是到了现在,我们身价倍增,人们也觉得秋季过后再下水作业水冷、风浪大,所以捕捞的季节就变成了我们的繁殖期,大量的亲鱼和幼鱼被捕捞,极大地影响了我们种群资源的补充。

　　美味与巨大的经济效益直接驱动了渔民的捕捞热情,然而过度捕捞让曾经鼎盛的文昌鱼渔业一去不返。

第二节 我们的沙子家园

我们是国家二级保护动物,为什么? 也许你一定会说快被人吃光了吧? 其实并不是,虽然在这么多年里人类的捕捞没有停止,但是这并不是我们数量减少的最主要原因。由于捕捞工具原始,一般被食用的都是体型较大的成年文昌鱼,这使得我们的后代数量得到了一定的保证。我们之所以成为国家二级保护动物的主要原因在于,我们的沙子家园遭到了灭顶之灾。

我们对家的环境很挑剔,一旦失去了适合生存的家园,我们就很难在其他地方存活下来。

1989年,厦门建设经济特区,移山填海,海堤的兴建和大面积的海涂围垦改变了海域的水动力条件,直接破坏了我们栖息地环境。大量采沙、建造大桥破坏了我们数亿年来的家园,拦截海水使得海水盐度发生了变化,我们再也无法在此生活了。曾经美极了的刘五店海边,如今只能看到几艘荒废的渔船和已是泥潭的沙地。

文昌鱼在热带和亚热带都有分布,但能以超过200尾/平方米的高栖息密度和大面积的栖息海区、从而形成"渔场"并形成相应"渔业"的,只有在中国厦门。1994年,科学家曾对厦门海域进行了采样调查,调查结果显示,在黄厝海区,文昌鱼的栖息密度下降到只有7~8尾/平方米,鳄鱼屿海区更是不到1尾/平方米。我们赖以生存的砂质沉积环境遭到了严重破坏,世界上唯一的文昌鱼渔场从此销声匿迹。

海沙,海中的沙石,是仅次于石油天然气的第二大海洋矿产,在目前全球海沙总产量中,90%以上用于建筑土木材料,其中45%左右用作混凝土细骨材,其余的在铺筑路基、填海造陆、沥青

图 3-5　文昌鱼钻沙

混凝土上使用。在20世纪80年代之前，国人对海沙的认识几乎空白，而当时美国、日本等国开发利用海沙的历史已经长达几十年。从90年代中期开始，沿海经济建设步伐加快，国外海上大型设施及国内工程的兴建，使海沙的需求量激增。在巨大的经济利益驱动下，国内兴起了采沙热潮，与开采海沙热情相伴而生的，是屡禁不止、近乎疯狂的非法攫取。每年约有数十艘运沙船入侵文昌鱼渔场不停地采沙，曾查获的最大的盗沙船长近70米，每次能挖3000多立方米海沙，平均每3天即可盗采1次。大规模的过度采沙，严重侵蚀了海

岸沙滩，沙滩面积不断缩小，海底地质地貌和水动力环境发生巨大改变，加剧了海岸泥沙冲淤活动，使海岸线遭到不同程度的侵蚀，最终导致环境的失衡和破坏，甚至造成港口淤积、岸堤坍塌、海堤溃决等严重后果。

遭遇巨大危机的不仅仅是厦门，由于过度采沙，远在青岛的文昌鱼也经历着一场生死大考验。据山东省海洋与渔业厅监测，1994 年青岛近海二号锚地的海水深度是 7 米见沙。到了 2009年，因为近海滥采海沙，只有到海平面30 米以下才能见沙。二号锚地这片古沙丘正是文昌鱼生息繁衍的地方，可见海洋生态环境遭受严重破坏,文昌鱼也遭受灭顶之灾,全省初步估计受侵蚀海岸线超过1200千米。受灾情况愈演愈烈,受灾的不仅仅是我们,滥采海沙甚至威胁着人类的生命。蓬莱登州浅滩采沙作业,就造成土地被毁、房屋倒塌等严重后果。

采沙让我们陷入巨大危机,污染和水产养殖等因素则将我们几乎逼入绝境。随着城市化进程的推进,污水排放量大大增加,有些污水甚至没有经过处理就直接排放,大量的氮、磷等物质进入水域,造成水体富营养化,水体的溶解氧急速下降,水质恶化。这种现象在河流湖泊中出现称为水华,而在海洋中出现就是众所周知的赤潮。还有一些湖泊的清淤工程,尾水污泥被排放在我们家园附近的废弃盐场,一旦没有按照静置达标排放,大量的污泥尾水冲入海中导致有害化学物质浓度升高,我们的生命就岌岌可危了。另外,为了开展水产养殖人们大量围垦沿海滩地,从而使水动力条件进一步下降,内湾迁移扩散能力降低,并且沉积速度加快,改变了沉积环境,很大程度上侵占了我们的生存空间。

海沙是我们赖以生存最重要的因素,一旦失去了我们的海沙乐园,我们也将不复存在。厦门是我们的家,而我们也因为厦门的发展即将流离失所。

图 4-6 采沙堆成的如山的沙堆

第三节　保护区与人工繁育

幸而，人们终没有忘记我们的存在，厦门海洋生物学家们一直为我们逐渐恶化的生存环境揪心。他们向厦门市政府反映保护文昌鱼资源的重要性，终于获得了政府的重视。1988年，文昌鱼被定为国家二级保护动物。1991年9月，厦门市文昌鱼自然保护区建立，保护区总面积65平方千米，包括4个海区：鳄鱼屿海区、欧厝以南十八线海区、小嶝海区和黄厝海区。1999年，厦门文昌鱼与中华白海豚、白鹭一起申报"厦门海洋珍稀物种国家级自然保护区"，2000年4月4日获得国务院批准，地理位置为东经117°27′至117°52′，北纬24°22′至24°44′。

建立保护区主要是希望能保护区域内文昌鱼的生境，使厦门文昌鱼种群增殖，文昌鱼资源得到恢复，同时也对保护厦门海域生物多样性起到积极的作用。

2001年，受厦门市政府海洋管理办公室委托，福建海洋研究所与厦门文昌鱼自然保护区管理处共同开展厦门文昌鱼自然保护区资源调查及开发利用研究，对厦门文昌鱼保护区的生态环境现状、文昌鱼数量的时空分布和变化情况、文昌鱼资源现状、保护区面临的不利因素进行调查研究，为保护区的管理和资源开发提供科学依据。从调查研究结果来看，虽然保护区上升为国家级，但文昌鱼资源近几年来一直在下降。沿海工程、污染、水产养殖的副作用、采沙船采沙、电拖网捕捞作业、旅游活动、市场价格导致的过度捕捞等，都是导致我们数量急剧下降的原因。

尽管如此，保护区的设立意义仍十分重大。客观来说，保护文昌鱼要比保护其他动物困难很多，因为我们个体

图 4-7 欧厝保护区石碑

小，生存环境独特，很多人根本连听都没听过我们的名字。近年来，政府已采取更多的积极措施，如加强执法力度，严惩盗沙、盗捕文昌鱼的行为，进行海堤的开口改造，支持文昌鱼的人工繁育研究，等等。虽然我们是国家二级保护动物、是禁止捕捞的，但作为多年生动物，我们的生命周期只有3、4年，而且根据我们的潜沙习性，适量的捕捞可以

帮助疏松栖息底质，减少淤积，防止底质泥化，所以有专家呼吁，在恢复种群的同时，也要合理适量地捕捞，这样才能帮助我们更好地生活，也能更合理地利用资源。相信在各方努力下，厦门文昌鱼资源会逐渐得到恢复。

除了在保护区让我们的种群自然恢复外，科学家们还利用人工繁育的方式，帮助我们快速地壮大队伍。早在1937年，童第周教授就首次在实验室饲养的条件下，让青岛文昌鱼成功产卵，之后文昌鱼室内产卵的报道日渐增多。后来金德祥最早报道了我们早期胚胎的发育，也有科学家研究了我们的发育形态，并一直在为成功人工繁育我们而反复试验。国内外不少科学家和实验室都已经成功繁殖过文昌鱼，可惜的是繁殖出来的子一代文昌鱼大多寿命短暂，少数存活下来的也不能连续繁育，而只有解决子一代文昌鱼繁殖出子二代文昌鱼，才能真正实现人工繁殖。这个棘手的难题终于在2006年得到解决，厦门大学王义权和他的实验室不负众望，在2005年繁殖获得的实验室子

一代文昌鱼经过精心饲养,于2006年顺利产下了子二代。这是国内外首次取得的突破,标志着真正意义上的文昌鱼人工繁殖成功。现在人工饲养的条件和方法已经十分成熟,人工繁殖也取得了极大的成功,越来越多的成果接踵而至,尤其是通过最新的科学技术对文昌鱼进行分子生物学等研究,让文昌鱼的秘密渐渐浮出水面,令人头痛的分类学问题也得到了解决。这些成果对教学、科研、恢复生态有着重要意义,其学术价值难以估量。

在人工繁殖大获成功的基础上,人们把培养出来的子二代文昌鱼野放,数十万尾文昌鱼重新回归大海的怀抱。黄厝的沙滩和朝阳是我们的见证,我们也将告诉我们的后代,人类为我们的生存做出了不懈的努力。

如果您有机会来到厦门,请在享受阳光、海滩、清波碧浪的同时,低头看看,沙中的我们也许正露出脑袋俏皮地和您打招呼。请您大声说出我们的名字,告诉别人我们的故事。我们是白氏文昌鱼,我们从远古游来,厦门是我们的家,我们热爱我们的家园,我们和这片乐土共生共存!

图 4-8　文昌鱼栖息地——厦门黄厝海边

谨以此书,献给厦门大学金德祥教授以及我国著名海洋生物学家张玺先生。本书中引用了两位专家的大量研究数据资料,作为参考对比依据。两位专家对动物学的热爱、投入,尤其是形态分类学上的贡献,一直是我们学习努力的目标与动力。

作为上海科技馆《中国珍稀物种》系列的第五部作品,科普片《文昌鱼》在经历了一年多的努力后终于能与观众见面了,《文昌鱼》一书的编撰工作自影片开拍之日起也正式启动。影片的拍摄让我们有机会能进一步接触和了解这种来自亿年前的伟大生物。很多被认为不可能拍到的镜头被记录了下来,从某些方面也要感谢动物们不经意间的配合。文昌鱼交配、卵的发育、幼体出膜,以及它与伴生动物们的互动,这些画面都极为珍贵。曾经震惊世界的、全球唯一的文昌鱼渔场在数十年后被废弃,身上蕴含着揭开人类起源秘密的钥匙如今濒临灭绝,越来越多的人哪怕近在咫尺都不知道它们的名字,亿年的光阴没有在文昌鱼身上留下痕迹,可它们却在短短数年间、种种危机面前几近消亡。文昌鱼的处境让我们忧心忡忡。因此,让更多的人认识文昌鱼,了解它们的神奇和伟大,投身到保护文昌鱼的队伍中来,是我们编著本书的目的之一。

笔者之一毕业于上海海洋大学海洋生物学专业,从小对生物充满兴趣,专业背景使笔者无论是在拍摄过程还是在编著过程中都如鱼得水。在此感谢笔者的母校上海海洋大学为笔者打下了扎实的专业功底,并为前期的资料收集、整理提供帮助;也要感谢最早让笔者认识文昌鱼的生物学老师李云,大二《普通生物学》解剖课让笔者与文昌鱼结下了不解之缘,李老师对生物学的热情以及有趣的上课内容至今仍深深烙印在笔者心中。另一位笔者也自小对动物充满热爱，也是《中国珍稀物种》系列的主创成员之一，曾经参与过《中国珍稀物种探秘丛书》系列的首部科普读物的编著。为了共同的目标和共同的兴趣，双方一拍即合，努力将本书打造成一本专业性、趣味性兼备的科普作品，希望读者能在阅读的过程结识、了解、喜爱这种小而有趣的生物。本书的编撰和影片的拍摄得到了厦门大学王义权教授和厦门第三中学曾国寿老师莫大的关心和帮助，两位科学顾问为我们提供了大量宝贵的文献资料、研究数据及图片，分享了多年来的经验与知识。王教授与曾老师多次不厌其烦地回答了我们提出的各类问题，甚至连夜审阅文稿。我们常在半夜或是清晨收到重要的反馈信息，从而能及时修改。对两位专家的敬业精神和辛勤劳动，再次表示由衷的谢意！王教授实验室的李光博士以及其他学生都全力配合我们拍摄及编撰的需要，在此一并表示感谢！

　　本书在编撰过程中，还得到了上海市科学技术委员会、上海科普教育发展基金会的鼎力支持。感谢全国政协常委、上海科技馆理事长、上海科普教育发展基金会理事长左焕琛女士在百忙之中为丛书作总序。感谢上海科技馆馆长王小明教授的悉心指导，对本书的框架结构和修改方向提出了宝贵的指导性意见。感谢上海科技馆赵世明副馆长和杨国庆书记一直关心着本书的进展。感谢科学影视中心李伟主任为笔者创造了编撰本书的良好机会，并在编撰过程提供了大量有益建议。感谢科学影视中心崔滢、费翔和夏建宏等同志，给予了笔者热情的鼓励，并提供了部分精美的照片，丰富了本书的内容。感谢上海海洋大学教授沈和定博士一直以来的关心，并时常询问进展以及是否需要帮助。感谢影片联名合拍单位上海真实传媒有限公司提供了大量精美的纪录片截图。感谢上海科技教育出版社叶剑先生，为推动本书出版花费了大量心血。在写作过程中，笔者参阅了大量来自学术刊物、科普杂志、互联网、报刊书籍上关于文昌鱼的资料，对他们在文昌鱼研究及保护方面所做的贡献，深表敬意！

　　本书的编撰都是利用业余时间完成，特别感谢笔者的家人，正是他们的理解和支持，才使笔者没有后顾之忧，能够很好地投入到本书的创作中来。

　　若非上述机构和个人的热心帮助，本书顺利出版几无可能！在此，谨向他们致以诚挚的谢意！

　　限于笔者的水平和时间，若书中存在不足之处，恳请广大读者指正，不胜感谢！

张维赟　叶晓青

2013年4月

参考文献

[1] 辛明.文昌鱼——进化的模式动物.生命科学仪器,2009,8(2):19~22

[2] 刘惠生.厦门的文昌鱼与文昌鱼名辨析.福建水产,1996,2:77~79

[3] 牟洪善,王琨,李金萍.海洋珍稀物种文昌鱼及其影响因素和保护措施研究.安徽农业科学,2009,37(7):2988~2990

[4] 张影.海洋珍稀物种——文昌鱼.厦门科技,2002,2:21

[5] 张秋金.厦门海域文昌鱼属Branchiostoma的分类及2种文昌鱼的实验室连续繁育.厦门大学博士学位论文,2007

[6] 李伟业.中国海域文昌鱼遗传多样性及实验品系培育.厦门大学博士学位论文,2013

[7] 林秀瑾.台湾及金门、马祖沿海文昌鱼之系统分类及生态研究.国立台湾大学动物学研究所硕士学位论文,2001

[8] 方少华,吕小梅.短刀偏文昌鱼在福建南部近海的发现和分布.福建水产,1990,1:1~2

[9] 张玺.偏文昌鱼属(Asymmetron)在中国海的发现和厦门文昌鱼的地理分布.动物学报,1962,14(4):525~528

[10] 张士璀,吴贤汉.从文昌鱼个体发生谈脊椎动物起源.海洋科学,1995,4:15~21

[11] 王义权,方少华.文昌鱼分类学研究及展望.动物学研究,2005,26:666~672

[12] 王义权,徐群山,彭宣宪,周涵涛.通过Cyt b基因同源序列比较评估厦门文昌鱼的分类地位.动物学报,2004,50(2):202~208

[13] 金德祥,程兆第,邓岩岩.厦门文昌鱼在刘五店濒临绝种.福建水产,1987,32~33

[14] 吕小梅,张跃平,郑承忠,陈水土,方少华.厦门文昌鱼自然保护区的生态环境特点.海洋科学,2005,29(10):27~31

[15] 何明海.厦门文昌鱼及其保护.海洋与海岸带开发,1991,8(1):53~54

[16] 张玺,顾光中.青岛文昌鱼与厦门文昌鱼之比较研究.国立北平研究院动物学研究所,中文报告期刊,第十八号,中华民国二十六年三月

[17] 韩诗莹,吕天祥,蔡玮.中国厦门文昌鱼的保护.中国福建省厦门第一中学

[18] 金德祥.金德祥文集.青岛:海洋大学出版社,1988

[19] 陈均远.动物世界的黎明.南京:江苏科学技术出版社,2004

[20] 舒德干,张兴亮,韩健,张志飞,刘建妮.再论寒武纪大爆发与动物树成型.古生物学报,2009,3

[21] 刘凌云,郑光美.普通动物学(第三版).北京:高等教育出版社,1997

图书在版编目(CIP)数据

沧海遗"孤":文昌鱼 / 张维賨,叶晓青编著. —上海:上海科技教育出版社,2013.8
ISBN 978-7-5428-5741-5

Ⅰ. ①沧… Ⅱ. ①张… ②叶… Ⅲ. ①文昌鱼—普及读物 Ⅳ. ①Q959.287

中国版本图书馆CIP数据核字(2013)第172960号

丛书策划:叶 剑 王世平
责任编辑:伍慧玲 叶 剑
装帧设计:杨 静

中国珍稀物种探秘丛书

沧海遗"孤"——文昌鱼

张维賨 叶晓青 编著

出版发行:上海世纪出版股份有限公司
　　　　　上 海 科 技 教 育 出 版 社
　　　(上海市冠生园路393号 邮政编码200235)

网　　址:www.ewen.cc www.sste.com
经　　销:各地新华书店
印　　刷:上海中华印刷有限公司
开　　本:787×1092 1/24
字　　数:80 000
印　　张:4
版　　次:2013年8月第1版
印　　次:2013年8月第1次印刷
书　　号:ISBN 978-7-5428-5741-5/Q·60
定　　价:32.00元